Jean-Baptiste-André GODIN
Fondateur de la Société du Familistère de Guise.
(1817-1888)

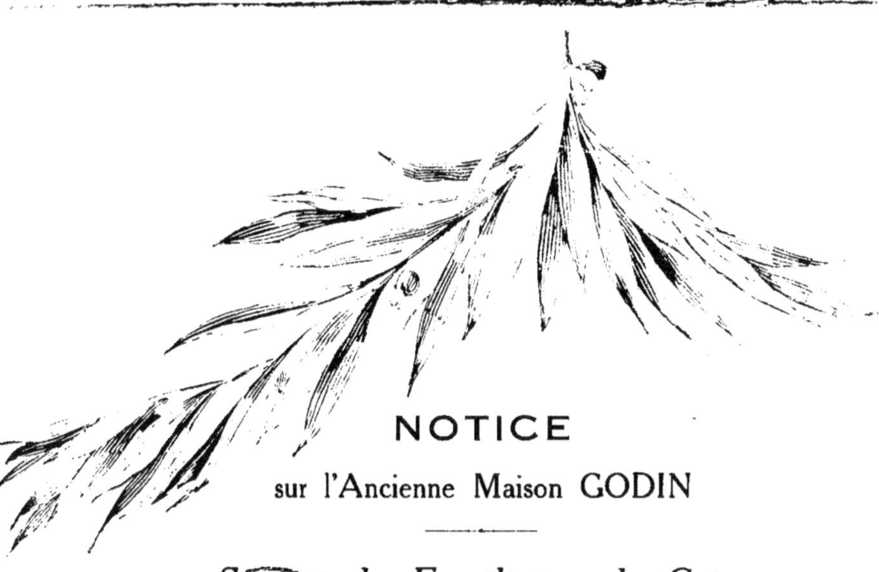

NOTICE

sur l'Ancienne Maison GODIN

Société du Familistère de Guise

COLIN⁰✳ & Cⁱᵉ

à GUISE (Aisne)

Association Coopérative du Capital et du Travail

FONDÉE EN 1880

RÉPARTITION TOTALE DES BÉNÉFICES AU CAPITAL & AU TRAVAIL
ACQUISITION DU CAPITAL PAR LE FAIT DU TRAVAIL
PENSIONS D'INVALIDITÉ - NÉCESSAIRE A LA SUBSISTANCE
CAISSES DE SECOURS CONTRE LA MALADIE
HABITATIONS OUVRIÈRES
ECOLES - POUPONNAT - NOURRICERIE - ECONOMATS
THÉATRE - BIBLIOTHÈQUE - MUSÉE - SOCIÉTÉS, ETC...

USINES { à GUISE, (Aisne) (France).
{ à BRUXELLES, 158, Quai des Usines (Belgique).

1926

R. C. - VERVINS Nº 5

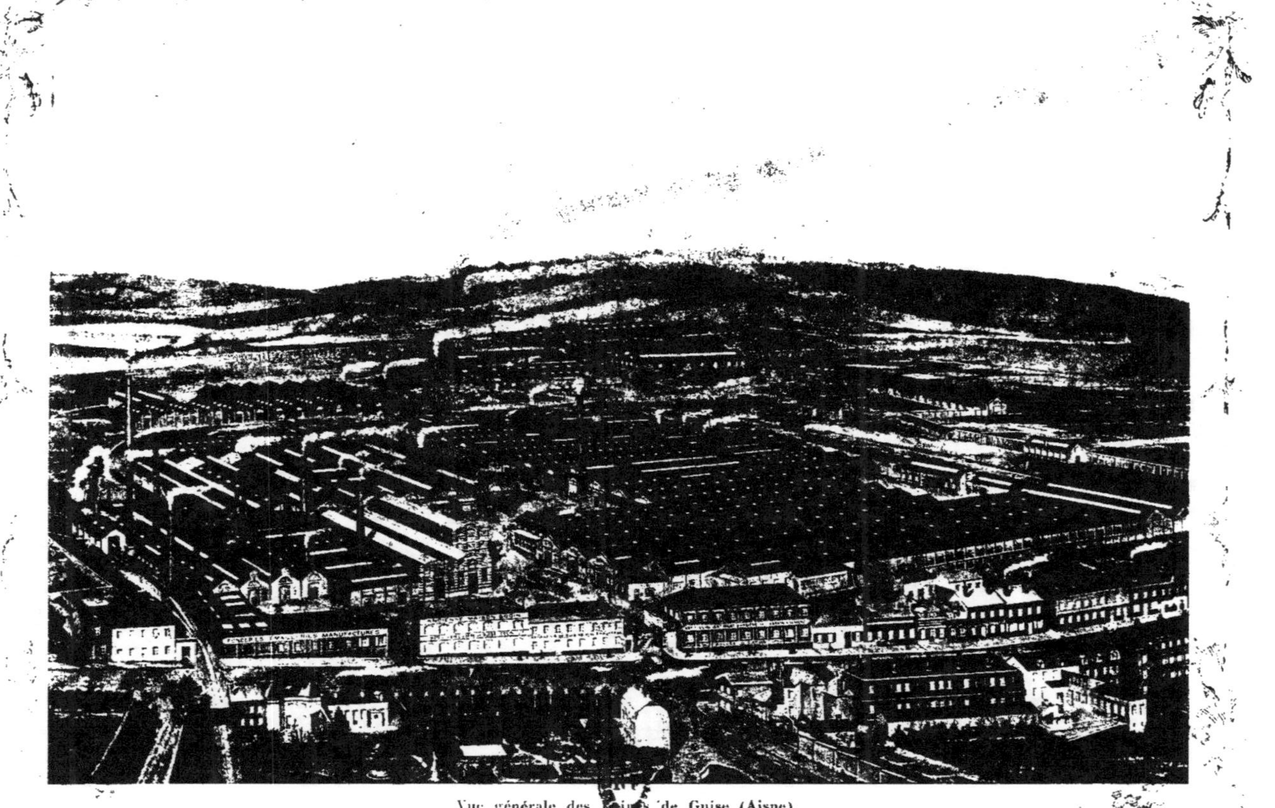

Vue générale des Usines de Guise (Aisne).

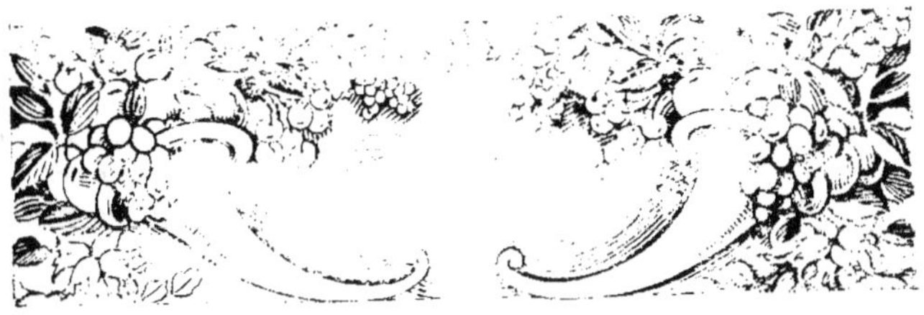

J.-B. A. GODIN

Quelques mots sur le Fondateur
de la Société du Familistère

J.-B. A. GODIN, fondateur de la Société du Familistère, naquit à Esquehéries (Aisne) le 26 Janvier 1817.

Fils d'un simple ouvrier, il reçut à l'école primaire, l'instruction et l'éducation rudimentaires qu'on donnait alors dans les écoles de village aux enfants d'ouvriers et de paysans.

A onze ans et demi, malgré sa constitution délicate, il commençait son apprentissage de serrurier dans l'atelier de son père où il resta jusqu'à l'âge de 17 ans.

Dans les premiers chapitres de son livre *Solutions Sociales*, GODIN nous raconte ce que fut cette partie de sa vie, et comment son jeune esprit, devant lequel cependant n'était ouverte d'autre perspective qu'une vie de travail et de pauvreté, avait le pressentiment persistant d'un rôle social à remplir et d'un grand exemple à donner au monde.

A 17 ans, GODIN quitta l'atelier paternel. Se conformant aux usages de l'époque, il entreprit son « Tour de France », afin de compléter et de perfectionner son apprentissage industriel.

Il connut ainsi par lui-même la vie de labeur et de misère qui trop souvent était celle de l'ouvrier.

« *Tous les jours, dit-il, dans* Solutions Sociales, *se renouvelait pour moi le dur labeur d'un travail qui me tenait à l'atelier depuis 5 heures du matin jusqu'à 8 heures du soir. Je voyais à nu les misères de l'ouvrier et ses besoins, et c'est au milieu de l'accablement que j'en éprouvais, que, malgré mon peu de confiance en ma propre capacité, je me disais : Si un jour je m'élève au-dessus de la condition de l'ouvrier, je chercherai les moyens de lui rendre la vie plus supportable et plus douce, et de relever le travail de son abaissement ».*

Ces généreuses résolutions, que nous trouvons déjà dans le cœur du compagnon de vingt ans, furent développées, mûries par les méditations du penseur et devinrent la réalisation concrète dont cette étude succincte essaye de donner une idée.

* *

Après trois années de l'existence pénible d'ouvrier compagnon, GODIN revint à Esquehéries et reprit sa place dans l'atelier de son père.

Il installa bientôt pour son compte un atelier de construction d'appareils de chauffage, atelier modeste, où le travail était exécuté par le patron, aidé de deux hommes de peine. Une heureuse innovation lui ouvrit enfin la voie qu'il cherchait.

GODIN imagina de remplacer, dans les appareils de chauffage, la tôle par la fonte. Les essais réussirent, les commandes affluèrent, et la nouvelle industrie se développa rapidement. *En 1846, GODIN occupait une trentaine d'ouvriers.*

C'est alors qu'il vint à Guise et qu'il installa ses ateliers sur une parcelle de l'espace couvert aujourd'hui par l'Usine de la Société du Familistère.

Plus tard, les circonstances amenèrent GODIN à établir une succursale en Belgique, à Laeken-les-Bruxelles.

A l'inventaire de l'exercice 1886-1887, le dernier avant la mort du Fondateur, le nombre des ouvriers occupés dans les deux usines était de 1.526, et le chiffre d'affaires s'élevait à 3.466.419 fr. 52.

Ces résultats suffisent à montrer le rapide développement que prit, sous l'impulsion de GODIN, la nouvelle industrie.

Quelle somme d'activité et de travail n'a-t-il pas fallu pour édifier et aménager les ateliers, créer les modèles et l'outillage, étendre et améliorer constamment la fabrication, assurer l'approvisionnement des matières premières et l'écoulement des marchandises fabriquées, former un noyau de contremaîtres et d'ouvriers expérimentés et faire, de l'atelier rudimentaire de 1840, avec le capital plus que restreint des débuts, l'usine la plus importante du monde en son genre.

A mesure que son industrie prospérait, GODIN réalisait les promesses qu'il s'était faites de rendre la vie meilleure aux ouvriers.

La longue journée de travail de 14 heures fut ramenée à 12, puis bientôt à 10.

Au paiement à la journée fut substitué le paiement à l'heure, puis le paiement à forfait ou à la pièce.

Dès le début de son installation, GODIN institua des Caisses de secours mutuels et de pharmacie, dans lesquelles il fit verser les amendes pour contraventions aux règlements d'ateliers, les retenues pour malfaçon, etc.

Pour procurer à ses ouvriers des logements spacieux à proximité de leur travail et divers avantages jusqu'alors réservés à la richesse, il fit construire successivement, de 1859 à 1883, les bâtiments du *Familistère* et les annexes. Il installa une nourricerie, des écoles, une bibliothèque, des magasins de consommation, etc.

GODIN aurait surtout voulu mettre à exécution son projet d'Association fixant d'équitables relations entre le Capital et le Travail. Mais la législation du moment qui n'avait prévu aucun contrat de ce genre, les dispositions hostiles du Gouvernement et aussi des résistances d'ordre privé, le contraignirent à attendre des jours meilleurs.

En 1871, il faisait, dans *Solutions Sociales,* un exposé complet de l'Association qu'il voulait établir ; depuis, il publia de nombreuses brochures dans lesquelles il développa ses conceptions sociales, indiqua les grandes lignes de son Association, ou traita des questions économiques et politiques encore à l'étude aujourd'hui.

En 1878, il fondait *Le Devoir* pour y exposer les théories nouvelles dont il poursuivait la mise en pratique à travers les difficultés de tous genres.

* * *

L'Association du Capital et du Travail devait être le couronnement de cette laborieuse préparation.

Cette Association fut légalement constituée le 13 Août 1880, sous la forme d'une Société en commandite simple, et sous la raison sociale GODIN et Cie.

Les statuts et règlements de la nouvelle Association sont consignés dans le volume *Mutualité sociale.*

Ainsi l'œuvre à laquelle GODIN avait voué sa vie, dont il avait, avec une foi inébranlable, poursuivi l'achèvement à travers des luttes sans trève et des obstacles sans cesse renaissants, était magnifiquement réalisée.

L'évolution se fit sans secousses. Elle ne fut marquée par aucun changement d'ordre industriel ou administratif. Le patron disparut pour faire place à l'Administrateur-gérant, et les statuts devinrent la loi commune à laquelle chacun conforma ses actes.

L'œuvre industrielle de GODIN, œuvre considérable qui consista à créer de toutes pièces une industrie à la tête de laquelle il sut se maintenir pendant plus de quarante années, ne suffit pas à son activité peu commune.

Nous avons vu que l'instruction première qu'il avait reçue était presque nulle. Dans la période de son apprentissage et de son « Tour de France », il profita de toutes les circonstances pour satisfaire le besoin d'apprendre qu'il éprouvait sans cesse. Plus tard, bien qu'absorbé par le labeur énorme que lui occasionnait le développement rapide de son industrie, il put compléter les lacunes de son instruction, et acquérir les connaissances diverses qui ont fait de lui un des grands penseurs du siècle.

La simple énumération de ses écrits suffit pour donner une idée de son activité intellectuelle.

Les *Solutions Sociales* furent publiées en 1871. Puis successivement de 1871 à 1878, parurent plusieurs petites brochures de vulgarisation des questions sociales : *La Richesse au service du Peuple, Les Socialistes et les Droits du Travail, La Politique du Travail et la Politique des Privilèges, La Souveraineté et les Droits du Peuple, Associations ouvrières, L'Hérédité de l'Etat, Ni impôts, ni emprunts*, etc., etc.

Le volume : *Mutualité Sociale*, recueil de principes, statuts et règlements, fut publié au moment de la constitution de l'Association.

Un peu plus tard, parut *Le Gouvernement*. Lorsque la mort vint le frapper, GODIN achevait le dernier chapitre d'un ouvrage magistral : *La République du Travail et la Réforme parlementaire ;* cet ouvrage ne fut publié qu'après sa mort, par les soins de Mme GODIN.

****

GODIN prit aussi une part active aux luttes politiques des derniers temps de l'Empire.

En 1869, il fut élu Conseiller général, puis aux jours néfastes de l'année terrible, *Président de la Commission Municipale de Guise.*

L'énergie que lui et ses collègues déployèrent dans cette circonstance, valut à Guise d'être peut-être la seule ville de France occupée par les Prussiens, qui put, avec succès, refuser de payer une contribution de guerre.

En février 1871, GODIN fut envoyé à la Chambre par le département de l'Aisne. Il y fut écouté avec la déférence légitimement due à sa profonde expérience des affaires et au soin consciencieux apporté par lui dans l'étude des questions qu'il abordait.

Au mois de mai suivant, il fut nommé Maire de Guise, fonction qu'il conserva jusqu'en 1874.

En 1876, il renonça à demander aux électeurs le renouvellement de son mandat de député, pour se consacrer avec une plus grande liberté d'action à la propagande de ses idées philosophiques et sociales et surtout à l'achèvement de son œuvre de prédilection : *La Société du Familistère de Guise.*

Toute sa vie, J.-B. A. GODIN fut l'apôtre infatigable de la paix. Il exerça une influence considérable par l'autorité de sa parole et de son exemple, en appelant l'attention sur ce sujet, en instruisant l'opinion par ses livres, par les remarquables articles du *Devoir* et par les conférences mensuelles qu'il fit, jusqu'à sa mort, au Théâtre du Familistère.

En 1882, le Gouvernement de la République décernait à J.-B. A. GODIN la croix de *Chevalier de la Légion d'Honneur.*

J.-B. A. GODIN mourut le 15 janvier 1888, laissant l'Association en pleine prospérité, après huit années d'exercice normal, et lui abandonnant par testament la quotité légalement disponible de sa fortune.

Grâce à ce legs de 3.100.000 francs, les ouvriers de l'Association sont entrés en possession complète de leurs instruments de travail, des habitations et des usines de Guise et de Bruxelles.

Le Fondateur du Familistère a tenu les promesses et rempli les engagements du compagnon d'autrefois. Il laisse aux ouvriers les bienfaits de sa généreuse initiative et au monde, l'exemple glorieux d'une vie de travail consacrée tout entière à l'œuvre de la paix sociale reposant sur ses véritables assises, celles de la justice et de l'équité.

En témoignage de reconnaissance et pour honorer et perpétuer la mémoire de son *Fondateur* et *Bienfaiteur*, la Société du Familistère a fait élever à J.-B. A. GODIN une statue sur la place du Familistère et un monument sur la tombe où il repose, dans le jardin même de la Société.

PREMIÈRE PARTIE

La
Société du Familistère de Guise

Son Organisation

L'Association entre le Travail et le Capital, fondée au Familistère de Guise, le 13 août 1880, par l'initiative de J.-B.-A. GODIN, dans la forme légale de Société en commandite simple, et pour une durée de *quatre-vingt-dix-neuf* ans, a pris la dénomination de :

SOCIÉTÉ du FAMILISTÈRE de GUISE
ASSOCIATION COOPÉRATIVE DU CAPITAL & DU TRAVAIL
Sous la raison sociale : **GODIN & C**ᴵᴱ

Après la mort du Fondateur, le 15 janvier 1888, la Société a eu successivement pour Administrateurs-gérants :

1° Mme GODIN, veuve du Fondateur, qui a démissionné le 1ᵉʳ juillet 1888 de cette charge, acceptée par elle pour assurer la transmission des pouvoirs ;

2° M. DEQUENNE, qui a pris sa retraite en 1897 ;

3° M. COLIN, l'Administrateur-gérant actuel, nommé le 13 septembre 1897.

La raison sociale a été modifiée à chaque changement d'administrateur. Elle est aujourd'hui :

ANCIENNE MAISON GODIN
SOCIÉTÉ DU FAMILISTÈRE DE GUISE
COLIN ⁰✳ & Cᴵᴱ, A GUISE (AISNE)

La Société a pour but d'organiser la solidarité entre ses membres, par le moyen de la participation du Capital et du Travail dans les bénéfices, selon les conditions déterminées par les Statuts.

Elle a pour objet :

L'exploitation locative des immeubles situés à Guise et à Bruxelles constituant le **Familistère**;

L'exploitation commerciale de ses économats de Guise et de Bruxelles;

L'exploitation industrielle des usines, fonderies, émailleries et manufactures, appartenant primitivement au Fondateur, et situées à Guise et à Bruxelles.

Elle se compose des personnes des deux sexes qui, après avoir adhéré aux Statuts, participent aux travaux et opérations de l'Association, ou acquièrent des *parts d'intérêts* représentant le fonds social.

Elle occupe en outre d'autres personnes qui seront ou pourront être ultérieurement admises selon les règles prescrites, mais qui ne sont encore employées qu'au titre de simples auxiliaires.

Administration

L'Association est administrée par un *Administrateur-gérant* assisté d'un *Conseil de gérance*.

L'Administrateur-gérant a seul la signature sociale, et seul il représente la Société vis-à-vis des tiers. Il nomme et révoque tous les employés et fonctionnaires dans les conditions prévues par les Statuts.

Il délègue à un ou plusieurs des membres du Conseil de gérance dans l'usine de Guise, à un sous-directeur dans l'usine de Bruxelles, et à un économe dans les services du Familistère, une partie de ses attributions, et notamment mandat de signer la correspondance et tous actes sur lesquels l'Administrateur serait dans le cas d'apposer sa signature.

L'Administrateur-gérant soumet à l'Assemblée générale des Associés les questions qui rentrent dans les attributions de cette assemblée.

Il rédige le rapport qu'il doit soumettre à l'Assemblée générale ordinaire, sur la situation morale, industrielle et financière de l'Association, et sur les propositions qui peuvent lui être déférées.

Il consulte l'Assemblée générale, les Conseils de gérance, du Familistère ou de l'Industrie, dans les cas spécifiés.

Les avis de l'Assemblée générale et du Conseil de gérance, touchant les mesures d'ordre intérieur fixées par les articles 59 et 99 des Statuts sont *obligatoires* pour l'Administrateur-gérant. *Dans tous les autres cas, celui-ci, conformément au droit qui lui appartient en vertu de la loi, demeure libre d'agir à son gré vis-à-vis des tiers, sous sa responsabilité personnelle et sous réserve des cas de révocation prévus.*

Usine et Familistère de Bruxelles (158, Quai des Usines).

En conséquence, l'Administrateur-gérant n'a jamais à justifier aux tiers des avis dont il s'agit.

L'action morale de l'Administrateur-gérant doit être considérable.

Surveillant d'une manière générale les établissements et les affaires de l'Association, il unit et concentre tous les pouvoirs. Par les qualités du cœur et du caractère, il doit maintenir la correction des rapports entre les fonctionnaires, être l'âme de la concorde entre les chefs de services, les employés, les ouvriers et les membres de la Société.

Il veille au respect et à l'application des Statuts.

En dehors de ses appointements, il est alloué à l'Administrateur-gérant, en titres d'épargnes, une part de *quatre pour cent* dans les dividendes, indépendamment de ce qui lui revient comme membre de la Société (répartition de bénéfices et intérêts de son capital).

L'Administrateur-gérant peut être révoqué par l'Assemblée générale des Associés, sur la proposition du Conseil de surveillance, mais seulement dans quelques cas bien déterminés.

Il est nommé par l'Assemblée générale sans limitation de durée de son mandat, sauf le cas de révocation. Il peut démissionner. Il ne peut être choisi que parmi les membres associés du Conseil de gérance.

Conseil de Gérance

L'article 82 des Statuts fixe ainsi la composition du Conseil de gérance :

1° L'Administrateur-gérant, président du Conseil ;

2° Trois Associés élus pour un an au scrutin secret, par tous les Associés ;

3° Dix Directeurs ou chefs de services, conseillers de droit, du fait de leurs fonctions ;

4° Enfin toutes les autres personnes remplissant des fonctions dont l'importance serait telle que la présence des titulaires au Conseil, en qualité de conseillers, serait jugée nécessaire à la bonne administration des affaires.

Le nombre total des Conseillers de gérance, par droit de fonctions, ne peut dépasser *treize*. Les titulaires des fonctions entraînant la qualité de Conseiller de gérance ne sont déclarés conseillers qu'après un an de séjour dans la Société.

Le Conseil comprend actuellement quatorze membres : l'Administrateur-gérant, 3 Conseillers élus par les Associés et 10 titulaires des fonctions.

En dehors de sa part comme membre de la Société, chaque Conseiller de gérance reçoit une rétribution de *un pour cent* sur les dividendes.

Le Conseil de gérance se réunit *obligatoirement* une fois par mois sans convocation, et *facultativement,* sur une convocation du Président.

Le Conseil de gérance embrasse dans ses attributions tous les intérêts de l'Association.

Il décide sur :

Les admissions (d'accord avec l'Administrateur-gérant) au titre de Sociétaire ou de Participant, et les substitutions au titre d'Intéressé porteur de certificat d'épargnes ;

Les admissions dans les logements du Familistère et les renvois de ces logements ;

Les exclusions de la Société (sauf ratification par l'Assemblée générale des exclusions d'Associés) ;

Les propositions de remboursement de titres d'épargnes ;

Les subventions aux assurances mutuelles ;

Les dépenses des institutions de l'enfance ;

Le choix des élèves à préparer pour les grandes écoles de l'Etat, ou à entretenir dans ces écoles.

Le Conseil de gérance **donne son avis sur :**

Les mises à la retraite, les congés pour manque d'ouvrage, les dépenses d'entretien des bâtiments et du matériel, etc..., en général sur les opérations industrielles et commerciales, et sur toutes les mesures intéressant la Société dont le renvoi devant lui est demandé.

Le Conseil de gérance, qui s'occupe, comme nous venons de le voir, des affaires générales de l'Association, peut se constituer soit en *Conseil d'Industrie,* soit en *Conseil du Familistère,* pour examiner spécialement les affaires concernant l'industrie, ou les différents services locatifs et commerciaux du Familistère.

Conseil de Surveillance

Bien que la loi sur les sociétés en commandite simple ne prévoie pas de Conseil de surveillance, le Fondateur a pensé que cette institution aurait son utilité dans l'organisation du Familistère.

Ce Conseil, composé de trois Commissaires-rapporteurs nommés au scrutin secret par l'Assemblée générale des Associés, est chargé de veiller à l'exécution des Statuts, de s'assurer de la bonne tenue des écritures, de vérifier *les comptes et bilans soumis par l'Administrateur à l'Assemblée générale des associés.* Il rédige un rapport qu'il doit soumettre à la même assemblée ; il délègue un de ses membres à la signature des certificats d'épargnes (parts d'intérêts).

Il propose à l'Assemblée générale, dans les cas prévus, la révocation de l'Administrateur-gérant.

Le Conseil de surveillance reçoit pour ses soins une part de *deux pour cent* sur les dividendes. Ces deux pour cent sont partagés également entre les trois Commissaires-rapporteurs.

Personnel

L'Association comprend des membres aux titres suivants: 1° *Associés;* 2° *Sociétaires;* 3° *Participants;* 4° *Intéressés.* En dehors de ces catégories, elle emploie dans ses usines et ses services divers, un certain personnel flottant dont l'intention n'est pas de se fixer dans l'établissement; ou encore des ouvriers qui désirent être admis membres de la Société, après avoir rempli les conditions prescrites, mais que des raisons d'ordre ou d'intérêt général maintiennent momentanément en dehors. Ce sont les *Auxiliaires.* L'Association fait avec ceux qu'elle emploie ainsi des contrats en conséquence.

Ces auxiliaires ne participent pas dans la répartition des bénéfices en tant qu'individus. La part qui revient à leur travail est versée à l'Assurance des pensions et du nécessaire à la subsistance.

Sur leur demande, ils peuvent être admis à habiter le Familistère, et, après avoir rempli les conditions exigées, être admis membres de la Société aux différents degrés: Participants, etc...

Les Auxiliaires participent aux avantages de l'Assurance des pensions et de la mutualité.

Epargnes *réservées*

On compte aussi un certain nombre de jeunes gens, fils de membres de la Société, à qui il est fait une situation particulière, en vue de les intéresser de bonne heure à la prospérité générale de l'Etablissement. Ils participent dans la répartition des dividendes au même titre que les Participants, mais ils ne sont mis en possession de leurs *épargnes* (on appelle « *Titres d'Epargnes* » les certificats représentant la part d'intérêts, c'est-à-dire la part de capital du titulaire), que s'ils reprennent leur place dans les ateliers, après leur service militaire, et si, en même temps, par leur travail et leur conduite. ils méritent d'être membres de l'Association à un titre quelconque.

Dans le cas contraire, leurs épargnes sont versées à l'Assurance des pensions et du nécessaire à la subsistance.

Intéressés

On désigne sous le nom d'*Intéressés,* les personnes qui ne sont membres de l'Association que parce qu'elles possèdent des parts du fonds social.

Nous verrons plus loin que les Intéressés sont, pour la plupart, d'anciens travailleurs qui ont obtenu leur retraite et dont les parts de capital ne sont pas encore remboursées ou des personnes qui ont acquis par héritage les épargnes des membres de l'Association décédés.

Les Intéressés touchent les intérêts dus au Capital. Ils n'ont aucun droit d'immixtion ni dans les conseils, ni dans les affaires de la Société.

Sortie du personnel (Usine de Guise).

Pour faire partie de l'Association au titre de *Participant*, de *Sociétaire* ou d'*Associé*, les postulants doivent remplir des conditions générales et des conditions particulières.

Conditions générales: 1° Etre d'une moralité et d'une conduite irréprochables;

2° Adresser à l'Administrateur-gérant une demande d'admission d'après une formule qui contient tous les renseignements exigés sur le postulant;

3° Adhérer expressément aux dispositions des Statuts et des règlements qui y sont annexés.

Les Conditions particulières, qui varient suivant le degré du postulant, sont les suivantes:

Pour les Participants et Sociétaires :

1° Etre âgé d'au moins 21 ans et libéré du service militaire dans l'armée active;

2° Travailler au service de la Société depuis un an au moins pour les Participants et trois ans au moins pour les Sociétaires;

3° Etre admis par le Conseil de gérance et l'Administrateur-gérant;

Les Participants peuvent ou non habiter les locaux du Familistère. Les Sociétaires doivent habiter les locaux du Familistère.

Pour les Associés :

1° Etre âgé de 25 ans au moins;

2° Résider depuis cinq ans dans les locaux du Familistère;

3° Participer depuis le même temps aux travaux et opérations qui font l'objet de la Société;

4° Savoir lire et écrire;

5° Etre possesseur d'une part de fonds social s'élevant au moins à 500 francs;

6° Etre admis par l'Assemblée générale des Associés.

Les Associés ont la priorité sur tous les autres membres de l'Association pour être occupés en cas de pénurie de travaux.

Les Sociétaires ont, à leur tour, la priorité sur les Participants et ceux-ci sur les Auxiliaires.

Les Participants, Sociétaires et Associés participent à la répartition des dividendes; mais il est stipulé que, dans la répartition proportionnelle de la part afférente au travail, l'Associé *intervient à raison de 2 fois la valeur, le Sociétaire à raison de 1 fois et 1/2 et le Participant à raison de la somme exacte* de leurs salaires ou appointements respectifs.

Toutefois, les Sociétaires et les Participants habitant le Familistère, ayant 20 années de services dans l'Association, ont droit aux mêmes parts que les Associés. Les Participants n'habitant pas le Familistère, ayant 20 années de services, ont droit aux mêmes parts que les Sociétaires.

L'Associé, le Sociétaire ou le Participant, peut perdre sa qualité et les droits qui s'y rattachent pour des causes déterminées par les Statuts.

L'exclusion d'un Participant et d'un Sociétaire est prononcée par le Conseil de gérance.

L'exclusion d'un Associé ne peut être prononcée que sur la proposition du Conseil de gérance, prise à la majorité des 2/3 des membres.

Elle ne devient définitive qu'après décision conforme de l'Assemblée générale, statuant à la majorité d'au moins les 2/3 des membres présents.

Assemblée Générale

Il est expressément stipulé que l'Association est représentée par ses seuls membres Associés, et que toute acquisition de certificats d'épargnes, par substitution, héritage ou toute autre voie, entraîne de la part du nouveau possesseur, l'acceptation de la représentation de ses droits par l'Assemblée générale et le Conseil de surveillance, dans toutes les opérations sociales, sans exception.

L'Assemblée générale a pour mission de veiller à tous les intérêts de l'Association.

Elle a pour attributions principales:

La nomination des trois membres électifs du Conseil de gérance, à choisir parmi les auditeurs désignés par le Conseil même;

L'élection au scrutin secret, à la majorité absolue des votants, de trois Commissaires-rapporteurs formant le Conseil de surveillance;

La nomination et la révocation de l'Administrateur-gérant dans les cas prévus;

L'admission ou le rejet des postulants au titre d'Associé et l'exclusion des Associés;

La sanction des modifications proposées aux règlements particuliers des Assurances mutuelles et les modifications proposées aux Statuts, *mais avec l'assentiment de l'Administrateur-gérant;*

L'opportunité d'augmenter le Capital social.

L'Assemblée reçoit communication du bilan de fin d'année;

Elle entend les rapports annuels de l'Administrateur-gérant et du Conseil de surveillance sur la situation morale, industrielle et financière de l'Association et les approuve s'il y a lieu.

L'Assemblée générale donne son avis sur tout ce qui est porté à son ordre du jour, dans l'intérêt de l'Association: acquisitions, constructions et aliénations d'immeubles, emprunts hypothécaires ou autres, établissement de nouveaux ateliers, et toutes dépenses importantes en dehors des opérations ordinaires de l'Association, dépassant les sommes produites par les prélèvements prescrits aux Statuts.

Les Assemblées générales *ordinaires* ont lieu une fois par an, au plus tard le premier dimanche d'octobre.

Les Assemblées générales *extraordinaires* sont convoquées chaque fois que le réclame l'intérêt de l'Association.

Elles ne peuvent délibérer sur aucun sujet en dehors de leur ordre du jour, *arrêté par l'Administrateur-gérant, avis pris du Conseil de gérance.*

*
**

Le Président et les membres du Conseil de gérance composent le bureau des Assemblées générales.

Le 13 août 1880, la Société fut constituée avec les éléments suivants :

6 membres directeurs des services, désignés par leurs fonctions pour faire partie du Conseil de gérance ; 40 ouvriers et employés remplissant les conditions statutaires énoncées précédemment et admis au titre d'Associé par le Fondateur, en raison des droits qu'il s'était réservés.

Ces 46 Associés formèrent la première Assemblée générale ayant pouvoir de délibérer dans les formes prescrites.

En même temps le Fondateur admettait :

Au titre de Sociétaire.............. 62 membres

Au titre de Participant............. 442 membres

(On trouvera plus loin la composition du personnel au 30 juin 1925).

Capital social et sa transmission

Le capital social se composait, à l'origine, des apports statutaires du Fondateur : bâtiments, matériel, marchandises, brevets, etc..., évalués au chiffre total de 4.600.000 francs.

Par suite du développement des affaires, le Capital a été augmenté à plusieurs reprises ; il est en 1926 de 11.500.000 francs.

L'actif de la Société s'est considérablement accru. Deux nouveaux corps d'habitations ont été édifiés, l'un à Guise, l'autre à Bruxelles.

Dans les deux usines, des voies de raccordement ont été construites ; des modifications, d'importants agrandissements ont été effectués, de nombreux modèles ont été créés, des terrains acquis, etc...

Etablissons de quelle façon le Capital social, à l'origine propriété exclusive du Fondateur, est passé entre les mains du personnel.

Au moment de la constitution de la Société, GODIN était seul propriétaire du fonds social de 4.600.000 francs représenté par un *certificat d'apports* de pareille somme.

Prenons le résultat du premier exercice.

Après avoir défalqué des bénéfices réalisés tout ce qui était relatif aux charges sociales (amortissements, subventions à la mutualité, frais d'instruction et d'éducation de l'enfance, intérêts à 5 % payés au Capital, etc...), il restait un dividende d'environ 400.000 francs.

Ces 400.000 francs furent versés en espèces entre les mains du Fondateur, mais son certificat d'apports fut diminué de pareille somme. Les 400.000 francs d'apports ainsi remboursés ont été convertis en *titres d'épargnes*, c'est-à-dire en *titres de commandite* et distribués entre les membres de la Société, dans les conditions fixées par les Statuts. (Ces titres d'épargnes sont donc des parts d'intérêts).

Après ce premier exercice, le Capital social se décomposait en 4.200.000 francs d'apports, restant la propriété du Fondateur et en 400.000 francs de titres d'épargnes, répartis entre les membres de la Société.

Il en résulte qu'après un certain nombre d'exercices, les 4.600.000 francs d'apports du Fondateur ont été entièrement convertis en titres d'épargnes, c'est-à-dire que ces 4.600.000 francs sont devenus la propriété collective des membres de la Société.

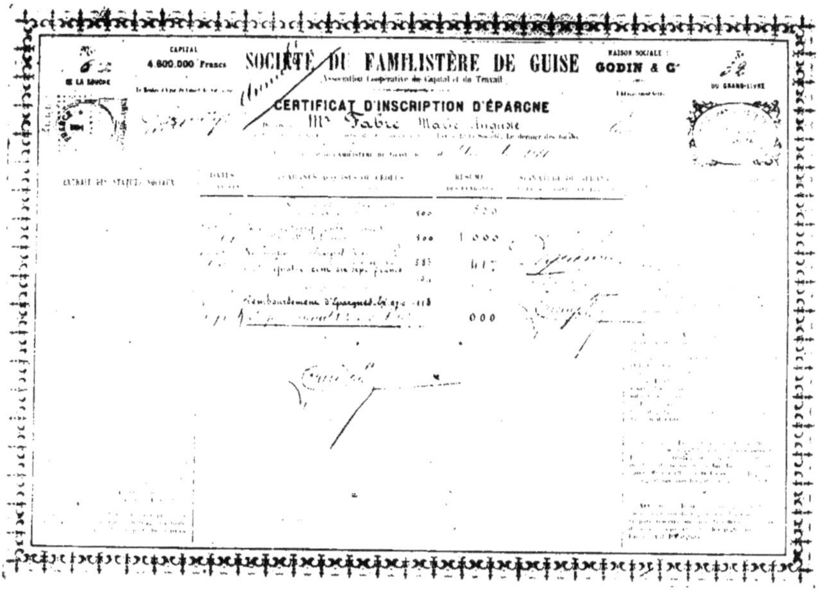
CAPITAL
4.600.000 Francs
SOCIÉTÉ DU FAMILISTÈRE DE GUISE
Association Coopérative du Capital et du Travail
RAISON SOCIALE :
GODIN & Cie
DE LA SOUCHE
DU GRAND-LIVRE
CERTIFICAT D'INSCRIPTION D'ÉPARGNE
Mr Fabre Marie Auguste
Remboursement d'Épargnes

Fac-similé d'un titre d'épargnes de la Société du Familistère.

(Il est à remarquer que le Capital social, entièrement constitué par les titres d'épargnes, provient des seuls bénéfices de l'Association. Les ouvriers, pour constituer leur part — et c'est ici un des points essentiels du mécanisme financier de l'Association — n'ont jamais eu et n'auront jamais à prélever la moindre somme sur leurs salaires).

Le fonctionnement régulier a donné ce premier et important résultat : le Fondateur a été remboursé intégralement de ses apports, et le Capital social se trouve réparti entre tous les membres de la Société.

Pour rester dans la réalité des faits, c'est en 1894 que le Capital-apports a été complètement transformé en Capital-épargnes, c'est-à-dire *en parts d'intérêts*.

*
**

La marche de la Société entre dès lors dans une nouvelle phase, car le Capital social, devenu la propriété des membres de la Société, ne va pas s'immobiliser entre les mains des nouveaux possesseurs.

En constituant l'Association, le Fondateur n'a pas eu pour objectif de partager sa fortune entre un plus ou moins grand nombre de privilégiés, mais il a voulu assurer indéfiniment aux ouvriers la possibilité d'acquérir les moyens de production, *par la transmission* successive du fonds social.

Aussi est-il stipulé, dans un article des Statuts qui ne peut être modifié, que lorsque tous les titres d'apports seront convertis en titres d'épargnes, ceux-ci à leur tour seront remboursés par ordre d'ancienneté. A une somme de bénéfices disponibles qui seront répartis entre les membres actifs, correspondra une somme égale d'épargnes remboursées (si l'augmentation du capital n'est pas jugée nécessaire), par ordre d'ancienneté des inscriptions d'épargnes.

Afin de fixer les idées, prenons un exemple comme nous l'avons déjà fait.

Rappelons d'abord que, d'après l'exposé qui a été fait plus haut, le montant de la première inscription sur les titres d'épargnes a été de 400.000 francs et admettons que le dividende de l'exercice **1895** se soit élevé à 300.000 francs, c'est-à-dire aux 3/4 de la première inscription.

(Remarquons que l'exercice 1895 est celui qui a suivi la transformation du capital-apports en capital-épargnes).

Les 300.000 francs de dividende seront répartis en parts d'intérêts, c'est-à-dire en parts de capital que nous appelons *inscriptions d'épargnes*, dans les conditions fixées par les statuts, entre tous ceux qui ont coopéré aux travaux de l'exercice et qui recevront ainsi la part leur revenant équitablement des bénéfices qu'ils ont contribué à produire.

En même temps, et comme contrepartie de la distribution des bénéfices, les 300.000 francs de dividende serviront à rembourser, *au pair et en espèces*, aux plus anciens possesseurs de titres d'épargnes, qu'ils fassent encore ou non partie du personnel, les 3/4 de la somme portée lors de la première répartition sur leurs titres respectifs.

Il est facile de voir qu'après un certain nombre de ces opérations, les possesseurs de titres d'épargnes ne prenant plus part aux travaux de l'Association seront remboursés, tandis que les travailleurs nouvellement admis entreront à leur tour en possession des moyens de production.

En étudiant le mécanisme financier de l'Association, on se rend compte que la répartition en *titres d'épargnes* (répartition constituant pour l'ouvrier une économie en quelque sorte obligatoire) pouvait seule garantir la transmission intégrale du fonds social.

Toute répartition des dividendes en espèces aurait entraîné l'immobilisation du capital entre les mains des mêmes possesseurs qui seraient ainsi restés les seuls commanditaires, et par conséquent les maîtres de l'affaire.

Remarquons que, par ces opérations, la valeur et la nature du capital n'ont pas varié. De plus, il demeure en la possession des membres actifs et ne risque pas de s'égarer en des mains étrangères; de sorte que, quelle que soit la durée de l'œuvre, ce seront toujours ceux qui feront vivre l'Association qui seront en possession de ses biens.

Dans les moments de gêne, l'ouvrier pourrait se laisser tenter par le désir de jouir immédiatement d'un capital relativement élevé dont il n'entrevoit la réalisation que dans un avenir trop lointain, et céder alors ses épargnes, même à un prix très inférieur à leur valeur réelle.

Mais les Statuts exigent que la cession totale ou partielle d'un titre d'épargnes soit admise par le Conseil de gérance.

(Le Conseil de gérance s'est donné comme règle de conduite de ne jamais autoriser la cession totale ou partielle d'un titre d'épargnes appartenant à un ouvrier qui travaille encore dans l'Etablissement).

Fonds de réserve

Pour faire face aux pertes qui pourraient affecter le Capital social, il est constitué un *Fonds de réserve* alimenté par un prélèvement de 25 % sur le dividende de chaque exercice.

Ce fonds ne peut en aucun cas et dans aucune mesure être employé à une autre destination.

Lorsque ce fonds de réserve atteint le dixième du Capital social, les prélèvements n'ont plus lieu et les 25 % qui lui sont attribués sont ajoutés à la part revenant au travail.

Dans le cas où le fonds de réserve est entamé, le prélèvement est rétabli jusqu'à ce que le fonds atteigne de nouveau le dixième du Capital social.

L'Industrie

C'est en 1840, avons-nous déjà dit, que J.-B. A. GODIN vint installer à Guise un modeste atelier pour la fabrication des appareils de chauffage.

Lorsqu'il débuta dans cette industrie, on employait exclusivement le « *poêle du Nord* » avec foyer en fer et le reste en tôle, que les serruriers de village fabriquaient seulement sur commande.

GODIN remplaça cet appareil par le poêle entièrement en fonte, qui devint un article de fabrication courante, et qu'on put se procurer dans les quincailleries et les magasins de fer.

Un coin de l'atelier de Fonderie à Guise : Moulage à la main

L'innovation réalisait un progrès sensible et la fabrication des nouveaux appareils prit une rapide extension.

Quelques années plus tard, GODIN imagina, pour l'usage exclusif de la cuisine, la cuisinière en fonte, destinée à remplacer le fourneau dit « *fourneau de cuisine du Nord* », en fer et tôle, coûtant très cher, ef qui, en raison même de son prix élevé, ne se trouvait que dans les maisons bourgeoises.

La nouvelle cuisinière coûtant relativement peu, fut à la portée des plus modestes ménages. Aussi le succès s'affirma plus grand encore que pour le poêle en fonte. Des modèles furent créés, les commandes affluèrent, l'industrie prospéra.

Non seulement, l'usine prit en peu d'années un développement considérable, mais elle sut toujours rester à la tête des maisons concurrentes.

Presque en même temps, GODIN entreprit la fabrication du calorifère en fonte.

Mais déjà, il projetait de transformer complètement l'industrie des appareils de chauffage. Il songeait à remplacer les poêles et les fourneaux, qu'on n'utilisait que pendant les froids et dont on débarrassait ensuite l'appartement, par des appareils de luxe qui seraient installés à demeure et feraient partie de l'ameublement.

Ses recherches le conduisirent à une nouvelle création, l'émaillage de la fonte.

Ici, encore, les progrès furent rapides. La voie une fois ouverte, on avança à grands pas. La diversité de couleur des émaux permettant la réalisation d'appareils artistiques répondant au goût de chacun et la facilité d'entretien de ces nouveaux appareils leur valurent un succès qui ne fit que s'accroître.

A la cheminée prussienne, en tôle et marbre, très répandue dans les villes, fut aussi substituée la cheminée prussienne en fonte émaillée. Puis vint tout un genre d'appareils nouveaux convenant particulièrement aux petits appartements et connus sous le nom de foyers économiques.

A l'émaillage, successivement s'ajoutèrent les procédés nouveaux du polissage, du nickelage et de la galvanoplastie, qui ont permis de rehausser encore la décoration des différents articles de la fabrication, et d'en faire des meubles réellement luxueux.

L'émaillage de la fonte entraîna la création de nombreux accessoires de chauffage et d'objets divers d'ameublement.

En même temps qu'il cherchait sans cesse à perfectionner sa fabrication, GODIN, pénétré de la nécessité de produire à bon marché les petits poêles, les petites cuisinières et en général tous les appareils de grande vente, étudiait et réalisait d'admirables installations de moulage mécanique restées uniques au monde.

On verra plus loin ce que la guerre a laissé de cet outillage.

D'applications en applications, une autre branche d'industrie, la fabrication des appareils d'hygiène, prit bientôt une place importante à côté de celle des appareils de chauffage.

Cette fabrication très active comprend maintenant tout ce qui, dans une habitation, peut se faire en fonte ordinaire, en fonte émaillée ou

décorée: baignoires, appareils d'hydrothérapie, lavabos, postes d'eau,
cabinets d'aisances, pompes, conduites en fonte, mangeoires et autres
articles d'écurie, vases, bancs, articles de jardins, etc...

La Société du Familistère a cherché, par la diversité et les per-
fectionnements apportés dans les nombreux modèles qu'elle a créés, à
satisfaire à toutes les exigences du chauffage domestique sain et peu
coûteux.

Une des batteries du " Moulage Mécanique " à Guise, avant la guerre.

Elle a réalisé des séries complètes d'appareils hygiéniques à combustion continue, de conduite aussi simple que le poêle ordinaire.

Ce fut une véritable transformation des procédés de chauffage des
appartements, accueillie avec une telle faveur par le public, que la
vente des nouveaux appareils a pris la première place.

Depuis longtemps déjà, la Société a entrepris la fabrication des
appareils pour chauffage central, elle a créé des modèles de radiateurs,
de chaudières à vapeur et de calorifères à eau chaude appréciés des
installateurs.

Une des divisions dont le développement s'est le plus rapidement
accru est celle de l'émaillerie. On y compte 12 fours à émailler conte-
nant 16 moufles chauffés les uns par des gazogènes, les autres directe-
ment, et quatre fours à fabriquer les émaux.

Pour résumer ce qui précède, l'exploitation industrielle de la Société du Familistère qui s'exécutait, en 1914, sur plus de 4.000 modèles, comprend la fabrication :

1° D'appareils de chauffage et de cuisine, principalement : cuisinières, poêles, cheminées, appareils de luxe, foyers économiques, calorifères, appareils hygiéniques à combustion complète, buanderies, repasseuses, etc... ;

2° D'accessoires et d'ustensiles de cuisine, poteries, gaufriers, porte-pelles et pincettes, etc... ;

3° De foyers et d'appareils de cuisine et de chauffage au gaz et au pétrole (avant la guerre, elle comprenait la fabrication d'appareils de chauffage électriques) ;

Une partie de l'Atelier d'Emaillerie, à Guise.

4° De pompes, baignoires, appareils d'hygiène et d'hydrothérapie ;

5° D'appareils de bâtiment et d'assainissement : lavabos, postes d'eau, éviers, lieux communs, garde-robes, appareils inodores divers, tuyaux, réservoirs de chasse, mangeoires et articles d'écurie, etc... ;

6° De vases, jardinières, porte-bouquets et articles de jardins ;

7° D'articles d'ameublement et de ménage : porte-parapluies, porte-manteaux, porte-chapeaux, crachoirs, fers à repasser, porte-plats, etc... ;

8° D'articles de quincaillerie : boutons, boules, etc... ;

9° De plaques indicatives en tôle et en fonte émaillée pour enseignes, bureaux, etc... ;

10° De pièces diverses en fonte malléable;

11° De radiateurs, chaudières, calorifères et accessoires pour chauffage central et chauffage de serres;

12° D'appareils pour chauffage de wagons;

13° De pièces en fonte spéciale pour locomotives et matériel roulant des chemins de fer.

Production des Usines

L'usine de Guise étend ses ateliers, magasins, cours et voies de raccordement sur une surface de près de 17 hectares. Elle occupe actuellement environ 2.000 ouvriers.

Un des nombreux modèles d'appareils de chauffage
créés par la Société du Familistère.

L'usine de Bruxelles couvre une superficie de 3 hectares et occupe 510 ouvriers.

Pendant l'exercice 1924-1925, les usines ont produit, en bonnes pièces de moulage:

A Guise, 12.330 tonnes et à Bruxelles, 3.200 tonnes.

Elles ont expédié, en appareils de chauffage et fourneaux de cuisine complets :

154.736 appareils à Guise et 41.410 à Bruxelles.

Ces chiffres se rapprochent de ceux d'avant-guerre.

Ainsi, pendant l'exercice 1913-1914, la production de bonnes pièces s'est élevée à :

13.833 tonnes à Guise et 3.600 à Bruxelles.

Le nombre d'appareils de chauffage et de fourneaux de cuisine complets expédiés a été, pendant la même période :

Par l'Usine de Guise : 165.640. Par celle de Bruxelles : 45.902.

Récompenses

Les principales récompenses obtenues par la Société aux grandes expositions sont les suivantes :

ANVERS 1885 : *Diplôme d'honneur ;*
PARIS 1889 : *Deux médailles d'or ;*
CHICAGO 1893 : *Hors Concours ;*
ANVERS 1894 : Membre du Jury, *Hors Concours ;*
PARIS 1900 : Membre du Jury, *Hors Concours ;*
PARIS 1900 : Economie sociale, *Grand Prix ;*
BRUXELLES 1910 : Membre du Jury, *Hors Concours ;*
BRUXELLES 1910 : Economie sociale, *Grand Prix ;*
GAND 1913 : Economie sociale, *Grand Prix.*

Voies de raccordement

La situation de l'usine de Guise a rendu pendant longtemps les transports coûteux et difficiles.

L'usine de Guise est à 5 kilomètres environ du point le plus rapproché du canal de la Sambre à l'Oise, et à 1 kilomètre de la gare aux marchandises.

Malgré une différence de niveau de 9 mètres, bien qu'il ait fallu franchir les deux bras de l'Oise et construire un long viaduc pour la traversée de la prairie, une voie de raccordement fut établie entre l'usine et la gare. Elle fut terminée en 1900.

Les bifurcations nécessaires à la distribution des matières premières dans l'intérieur de l'usine ou à l'enlèvement, pour l'expédition, des produits fabriqués, ont un développement total de 2 kilomètres environ. Deux locomotives appartenant à la Société font la navette entre la gare et l'usine.

A Bruxelles, la situation est plus favorable encore. L'usine est voisine du canal de Villebroeck, qui est le grand canal maritime de

Bruxelles. Toutes les expéditions, pour les exportations, peuvent y être faites par bateaux.

La voie de raccordement qui relie l'Usine à la gare de Guise.

De plus, une voie ferrée, commune à plusieurs industriels, raccorde l'usine à la gare de Schaerbeek (gare aux marchandises de Bruxelles).

Une salle de machines, à Guise, avant la guerre.

Salles d'Exposition

Il existe dans les deux usines des salles d'exposition des produits fabriqués.

Ces salles, parfaitement aménagées, renferment un échantillon de chacune des séries d'appareils composant l'album. Elles sont ouvertes journellement au public.

La clientèle peut ainsi venir étudier les nouveaux modèles, se rendre compte de leur montage, apprécier leur décoration et composer ses achats ou contracter ses marchés en connaissance de cause.

Hygiène des Ateliers

Dans les divers ateliers de l'usine, toutes les dispositions ont été prises pour placer le personnel dans les conditions d'hygiène et de sécurité les meilleures possibles.

Une piscine, alimentée par les eaux de condensation des machines de l'usine, mesurant 9 m. 50 de long sur 6 m. 50 de large, ayant comme profondeurs extrêmes 2 m. 30 et 1 m. 50, munie d'un double fond formé d'un plancher mobile, est constamment à la disposition des ouvriers.

Partout où cela est nécessaire, notamment dans les ateliers de polissage, d'ébarbage et d'émaillerie sont installés des aspirateurs de poussières.

A l'atelier d'émaillerie, des précautions minutieuses sont prescrites et les mesures préventives nécessaires sont prises par l'Administration. Ainsi, les émailleurs, après avoir travaillé à l'émaillerie pendant *quinze jours*, vont passer un mois dans un des autres ateliers de l'usine; le lait est accordé largement; des lavabos se trouvent à proximité des fours; enfin des cabines de douches et des salles de bains, avec double baignoire par salle, pour bains sulfureux et bains de lavage, sont établies dans l'intérieur de l'usine, et près de l'émaillerie.

Les Magasins de Consommation

L'installation des premiers magasins remonte à 1859 ; ils formaient alors un modeste économat, où le personnel de l'usine avait la faculté de s'approvisionner.

Ces magasins appartinrent naturellement à GODIN jusqu'à la constitution de la Société.

En 1865, ils furent transférés dans le pavillon central du groupe principal du Familistère et prirent, d'année en année, une extension de plus en plus considérable. Ils occupent actuellement tout le rez-de-chaussée de la façade de ce pavillon et diverses annexes.

Les magasins de consommation ne sont pas organisés en société coopérative légale distincte. L'institution fait partie intégrante de l'Association. Elle n'a pas de capital particulier proprement dit. Son fonds de roulement, variable suivant les besoins, est alimenté par le fonds de roulement social, et tout ce qui concerne la direction des magasins est confié à un économe sous l'autorité de l'Administrateur-gérant.

Les magasins de consommation comprennent à GUISE :

Epicerie et vente de pain, de liquides, articles de ménage, etc... ;

Mercerie, vêtements, étoffes, chaussures, meubles, horlogerie, bijouterie, etc... ;

Alimentation : boucherie, charcuterie, vente de lait, légumes, fruits, etc... ;

Combustibles : Vente de bois de chauffage et charbons domestiques.

Bains et lavoirs.

A BRUXELLES : Epicerie, mercerie, buvette et combustibles.

Le personnel de ces différentes sections se compose d'environ 80 personnes : directeur, chefs de services, employés et vendeuses, qui font partie de l'Association, aux mêmes titres que les travailleurs de l'usine.

Tout acheteur dans les économats reçoit en fin d'année une remise résultant des bénéfices réalisés dans les magasins et proportionnelle à la somme de ses achats ; mais aucune disposition n'a jamais obligé les habitants du Familistère à s'approvisionner aux magasins.

Les ventes sont faites au comptant, soit contre argent en prenant la marchandise, soit sur carnet.

Dans ce dernier cas, la somme déposée à la caisse de l'Economat figure sur le carnet au crédit de l'acheteur qui peut, dans les magasins, recevoir des marchandises jusqu'à concurrence de la somme inscrite.

Le total des sommes versées à la caisse sert à déterminer la part annuelle qui lui revient.

Les bénéfices des magasins de consommation de Guise sont entièrement attribués aux acheteurs sur carnets, de façon que, conformément à la loi, l'exploitation ne rapporte rien à l'Association elle-même.

Ci-après un tableau du mouvement des affaires dans les magasins de consommation de Guise depuis la fondation de la Société jusqu'à la guerre.

EXERCICES	MONTANT DES VENTES	EXERCICES	MONTANT DES VENTES
1880-81	430.570 40	*1897-98*	949.091 87
1881-82	439 336 27	*1898-99*	897.831 11
1882-83	427.914 76	*1899-00*	940.894 74
1883-84	397 258 92	*1900 01*	956.302 34
1884-85	430.640 00	*1901-02*	938.077 10
1885-86	447.483 41	*1902-03*	950.126 20
1886-87	453 414 51	*1903-04*	935.378 70
1887-88	465.993 14	*1904-05*	902.754 40
1888-89	580.527 30	*1905-06*	876.180 50
1889-90	679.138 89	*1906-07*	828.436 81
1890-91	813.812 57	*1907-08*	834.575 81
1891-92	874.949 71	*1908-09*	830.386 57
1892-93	844.914 80	*1909-10*	853.022 00
1893-94	842.552 09	*1910-11*	744.803 76
1894-95	864.051 C3	*1911-12*	706.202 77
1895-96	888.566 77	*1912-13*	682.713 42
1896-97	912 900 89	*1913-14*	680.000 »

(On verra plus loin les résultats d'après guerre).

L'Association du Capital et du Travail

RÉPARTITION DES BÉNÉFICES INDUSTRIELS

La répartition des fruits du travail entre les divers facteurs de la production se fait dans l'ordre suivant :

1° La part des faibles, que les Statuts interdisent formellement de diminuer et qui est attribuée d'abord à la mutualité sociale (Assurance des pensions et du nécessaire à la subsistance. Assurances mutuelles contre la maladie, Fonds de pharmacie), ensuite à l'éducation et à l'instruction de l'enfance.

2° La part du Capital (son salaire ou intérêt).

3° La part du Travail avec pourcentage réservé aux capacités.

Le concours apporté par tous ceux qui participent aux opérations de l'Association est évalué par leurs salaires. La part des dividendes revenant au travail sera donc déterminée par la somme des salaires et appointements payés, en tenant compte de la catégorie de membres à laquelle chacun d'eux appartient.

Le concours du Capital est rémunéré par un intérêt maximum annuel de 5 %. Cet intérêt, considéré comme le salaire du Capital, interviendra dans la répartition du dividende, au même titre que les salaires et appointements du personnel.

***

Voyons maintenant pour quelle proportion chacun de ces facteurs entre dans la répartition des bénéfices.

Sur les bénéfices industriels constatés par les inventaires annuels, il est opéré les défalcations suivantes, à titre de charges sociales :

1° Prélèvement statutaire pour les amortissements ;

2° Subvention aux diverses assurances mutuelles ;

3° Frais d'éducation et d'instruction de l'enfance ;

4° Intérêts payés au Capital social. (Ces intérêts sont payables en espèces).

Ce qui reste constitue le dividende qui est réparti de la manière
suivante :

1° **Au fonds de réserve**, puis au capital et au travail, si le fonds
  de réserve atteint le 1/10 du capital social.............. 25 %

2° **Au Capital et au Travail**........................ 50 %

(Dans cette attribution, la part du travail est représentée, comme il a été dit,
par le total des appointements et salaires et celle du capital par le total des intérêts
qui lui sont payés. Les dividendes du capital sont payables en espèces et ceux du
travail en titres d'épargnes (parts d'intérêts).

3° **Aux capacités**, 25 % répartis dans les conditions suivantes :

  a) A l'Administrateur-gérant, en titres d'épargnes...... 4 %

  b) Au Conseil de gérance, en titres d'épargnes, autant de
    fois 1 % qu'il y a de conseillers en fonctions, jusqu'à con-
    currence du maximum statutaire de 16 conseillers...... 16 %

(La part des Conseillers non en exercice est attribuée à l'Assurance des pensions
et du nécessaire à la subsistance).

  c) Au Conseil de surveillance, en titres d'épargnes...... 2 %

(Ces trois attributions sont indépendantes de ce qui peut revenir aux parties
prenantes dans la part attribuée au travail).

  d) A la disposition du Conseil de gérance pour être répar-
    tis aux employés et aux ouvriers qui se sont distingués
    par des services exceptionnels...................... 2 %

(En titres d'épargnes ou en espèces, selon décision du Conseil de gérance).

  e) A la préparation pour être admis dans les écoles de
    l'Etat et à l'entretien dans ces écoles d'un ou de plusieurs
    élèves sortant des écoles du Familistère, en espèces.... 1 %

*

Afin de rendre plus tangible le mécanisme de cette opération, indi-
quons quelques chiffres réels d'un des derniers exercices d'avant la
guerre :

Les dividendes à partager, après défalcation de toutes les
  charges et de l'intérêt du capital, se sont élevés à.... Fr.   756.507 43

La répartition s'établit comme suit :

Au fonds de réserve, pour qu'il atteigne le 1/10 du capital
  social, augmenté au cours de l'exercice............ Fr.   36.223 »

Au capital et au travail, 75 %, moins la part du fonds de réserve .... Fr.   531.159 »

A l'Administrateur-gérant, 4 %...................... Fr.   30.260 »

Au Conseil de gérance, autant de fois 1 % qu'il y a de conseillers
  en fonctions, 13 %................................. Fr.   98.345 »

Au Conseil de surveillance, 2 %.................... Fr.   15.130 »

A l'Assurance des pensions, la part des Conseillers de gérance
  non en fonctions, 3 %............................. Fr.   22.695 »

A Reporter.......... Fr.   733.812 »

| | *Report*.......... Fr. | 733.812 | » |
A la disposition du Conseil de gérance pour récompenses, 2 % .... Fr. 15.130 »

A la préparation et à l'entretien d'élèves dans les écoles de l'Etat, 1 % .... Fr. 7.565 43

Total égal .... Fr. 756.507 43

La somme de 531.159 francs est répartie dans la proportion des concours suivants : le salaire des Associés est totalisé et multiplié par 2, celui des Sociétaires, totalisé, est multiplié par 1,5 ; celui des Participants, celui du Capital (ses intérêts) et celui des Auxiliaires sont pris tels quels. On arrive ainsi à un total de services rendus représenté par le chiffre 4.971.205,50, ce qui donne un taux de répartition au travail de :

$$\frac{531.159 \times 100}{4.971.205\ 50} = 10,68 \text{ pour cent du salaire}$$

Il revient donc à chaque Associé : $10.68 \times 2 = 21,36\ \%$ de son salaire, à chaque Sociétaire : $10.68 \times 1.5 = 16,02\ \%$ de son salaire, à chaque Participant : 10,68 % de son salaire.

A l'Assurance des pensions, 10,68 % du total des salaires des Auxiliaires.

Au Capital, un petit dividende de 10,68 % de ses intérêts considérés comme étant ses salaires.

Le taux de l'intérêt sera donc de :

$$\frac{5 \times 110,68}{100} = 5,53\ \%$$

Les parts annuelles de dividende revenant aux différentes catégories du personnel : Associés, Sociétaires ou Participants, sont portées sur des titres nominatifs délivrés aux ayants-droit (ce qu'on appelle titres d'épargnes ou parts d'intérêts).

Ces titres subissent les augmentations et les diminutions du compte du titulaire à mesure qu'elles se produisent, c'est-à-dire au moment des inscriptions de nouvelles répartitions ou du remboursement de parts d'épargnes.

MOUVEMENT DES AFFAIRES
ET DES CHARGES SOCIALES

Pour compléter le chapitre précédent, nous donnons ici le mouvement des affaires et des charges sociales de l'Association depuis près de quarante années :

Exercices	CHIFFRE TOTAL NET d'Affaires Industrielles, Locatives et Commerciales	CHIFFRE TOTAL NET d'Affaires Industrielles	CHARGES SOCIALES en dehors des amortissements et de l'intérêt du Capital	INTÉRÊT du Capital Social
1885-86	4.077.775 05	3.525.005 41	137 014 23	230.000
1886-87	4.025 0.3 75	3.466.429 32	184.279 78	230.000
1887-88	4.967.930 73	3.824.044 09	184.127 75	230.000
1888-89	4.528.894 31	3.846 265 82	133.453 46	230 000
1889-90	4.850.290 04	4.059.774 67	159 066 73	230.000
1890-91	5.044.903 54	4.118.441 51	178.413 69	230 000
1891-92	5.156.336 80	4.103 591 09	185.203 63	230 000
1892-93	4.976.409 38	3.980.957 99	194.168 21	230.000
1893-94	5.004 280 97	4.014.593 14	201.631 95	230.000
1894-95	5.166.885 04	4.149.884 91	219.968 80	230.000
1895-96	5.688.849 08	4.638.457 27	214.913 49	230.000
1896-97	5.714 044 71	4.639.872 41	247.404 67	230.000
1897-98	5.713.693 03	4.607.537 88	253.660 76	230 000
1898-99	5.755.162 08	4.697.241 17	251.448 51	230.000
1899-00	6.434.686 07	5.330 989 80	258.053 99	235.000
1900-01	5 826 204 98	4.697.879 69	261.387 73	240.000
1901-02	6.449.113 37	5.348.337 64	275.586 91	245.000
1902-03	6.804.150 08	5.692.452 29	282.084 70	250.000
1903-04	6.938.960 84	5.839.033 23	277.320 66	250.000
1904-05	6.892.746 87	5 827.877 06	280.000 93	250.000
1905-06	7.189.330 87	6 149.726 75	282.638 32	250.000
1906-07	7.835.547 57	6.840.340 06	281.304 07	250.000
1907-08	8.344.301 87	7.349 626 86	289.718 27	250.000
1908-09	8.871.820 88	7.885.699 84	296.344 84	269.388
1909-10	9.390.141 21	8.381.166 26	367.403 92	287.500
1910-11	8.906.667 75	8 007.966 73	348.622 45	290.000
1911-12	8.827 624 89	7.976.346 77	352.465 16	302.552
1912-13	9.500.052 82	8.673.980 82	354.679 38	314.689
1913-14	(Environ les mêmes chiffres qu'en 1912-13)		362.806 38	327.857
1914-19	Néant	Néant	220.778 23	»
1919-20	7.921.618 82	7.496.565 85	352.348 86	330.357
1920-21	19.627.525 13	18.445.531 62	670.605 02	369 907
1921-22	25.567.418 59	23.972 249 91	882 496 94	399.357
1922-23	35.061.375 23	32.682.717 71	1.318.228 12	399.357
1923-24	42.342.573 18	39.526 782 97	1 337 569 12	450 000
1924-25	45.844.530 65	42.770.397 02	1.449.178 35	500.000

(Les charges sociales représentent les subventions à l'Assurance des pensions équivalentes à 2 % + 2 ¼ % des salaires et appointements, les subventions aux Assurances mutuelles, aux Caisses de pharmacie, aux diverses Sociétés du Familistère, les frais d'éducation et d'instruction de l'enfance, etc...).

Bénéfices répartis au Travail et au Capital.

Depuis la fondation de l'Association (13 Août 1880), jusqu'au 30 Juin 1925, il a été distribué au travail, en titres d'épargnes (parts d'intérêts), une somme totale de 38.822.223 francs qui se décompose comme suit :

Aux ouvriers et employés et aux capacités, ensemble

Fr. 32.948.475 »

A l'Assurance des pensions (part des Auxiliaires, etc.) .... Fr. 5.873.748 »

Dans cette même période, le montant total des salaires s'est élevé à 166.399.467 francs.

Le TRAVAIL a donc reçu :

En salaires .... Fr. 166.399.467 »
En bénéfices .... Fr. 38.822.223 »

Total pour le Travail........ Fr. 205.221.690 »

Le CAPITAL a reçu :

En salaires, c'est-à-dire en intérêts à 5 % ...... Fr. 11.060.491 »
En bénéfices (dividendes du capital).......... Fr. 1.239.676 »

Total pour le Capital........ Fr. 12.300.167 »

On voit que, dans l'Association du Capital et du Travail réalisée par GODIN, la part revenant au travail, *en dehors de ses salaires*, se trouve de beaucoup supérieure à la part *totale* du capital; que, de plus, le capital étant représenté lui-même par les parts d'intérêts acquises par le travail, **c'est donc en réalité au travail que tous les bénéfices ont été distribués.**

Résultats d'ensemble.

Depuis la création de la Société du Familistère, jusqu'au 30 Juin 1925, le chiffre total net d'affaires industrielles, pour les deux usines, s'est élevé à 348.695.000 francs.

Le montant total net d'affaires commerciales dans les économats a atteint la somme de 37.193.440 francs.

Depuis la fondation, la Société a versé 9.042.506 francs à titre de subvention aux diverses assurances mutuelles.

Les frais d'éducation et d'instruction de l'enfance, indépendamment des frais d'entretien dans les écoles de l'Etat, donnent un total de 1.547.479 francs.

Enfin, les remboursements de capital effectués sur les titres anciens, se sont élevés à 27.322.223 francs.

Ces quelques chiffres permettront d'apprécier l'œuvre de J.-B.A. GODIN.

Les Locomotives manœuvrant dans les cours de l'usine de Guise.

Les Assurances mutuelles

La Société du Familistère est tenue d'entretenir dans son sein et dans les conditions déterminées par les statuts et règlements, des assurances de mutuelle protection qui comprennent :

L'Assurance des pensions et du nécessaire à la subsistance ;

L'Assurance contre la maladie ;

Le Fonds de pharmacie.

Les assurances prennent fin en même temps que la Société, soit par l'expiration de son terme, soit par sa dissolution anticipée.

Assurance des Pensions et du nécessaire à la subsistance

Cette assurance a pour principal objet de servir des *pensions* aux membres de l'Association devenus incapables de travailler ; la pension est donc *une pension d'invalidité*.

De donner le *nécessaire* aux familles des Associés, des Sociétaires et autres habitants du Familistère dont les ressources seraient momentanément insuffisantes.

De prendre soin de leurs orphelins.

De venir *facultativement* en aide aux veuves et aux orphelins des Participants et des Auxiliaires.

Les ressources de l'Assurance des pensions et du nécessaire sont fournies exclusivement par la Société, **sans aucune retenue sur les salaires.**

Elles se composent :

1° D'une subvention équivalente à 2 % des salaires et appointements payés par l'Association du Familistère de Guise.

Cette subvention est prélevée sur les bénéfices industriels et commerciaux, à titre de frais généraux.

2° D'une subvention supplémentaire prélevée sur les bénéfices et égale à 2,5 % de ces mêmes salaires et appointements.

3° Du dividende représenté par le travail des Auxiliaires ;

4° Du dividende des Conseillers de gérance non en fonctions.

La pension est accordée aux personnes attachées à l'établissement par d'anciens services et dans le cas d'incapacité notoire de travail.

Après 15 ans de service, la pension statutaire des Associés est fixée pour les hommes à 75 francs par mois et pour les femmes à 45 francs par mois.

La pension statutaire des Sociétaires est réglée d'après le temps de service ; elle ne peut descendre pour les hommes, au-dessous de 60 francs par mois et pour les femmes au-dessous de 35 francs.

Le taux de la pension statutaire et journalière des Participants et des Auxiliaires est fixé de la manière suivante pour les hommes et pour les dames employés dans les services du Familistère et de l'usine :

	Hommes	Dames
Après 15 ans de service en une seule fois...............	1 »	0 75
— 20 — — —	1 50	1 »
— 25 — — —	2 »	1 25
— 30 — —. —	2 50	1 50

(Les taux de la pension indiqués ci-dessus sont les taux statutaires. On trouvera plus loin les mesures qui ont été prises par la Société du Familistère en faveur de ses invalides du travail pour leur permettre de faire face à l'augmentation du coût de la vie qui s'est manifestée depuis la guerre).

Dans aucun cas, la pension ne pourrait être supérieure à la moyenne des salaires produits par le travail du postulant à la pension.

La pension des personnes attachées aux services d'entretien et de propreté des cours, balcons, caves, greniers, etc..., du Familistère, qui ne font que quelques heures de travail par jour, est égale à la moitié du taux auquel leur donnerait droit le nombre de leurs années de service, si elles faisaient une journée normale de travail.

La pension est suspendue pour tout pensionnaire qui accepte, sans autorisation du Conseil de gérance, des fonctions salariées en dehors de l'Association.

L'Assurance des Pensions et du Nécessaire n'a pas seulement pour objet de servir une pension aux invalides du travail, elle a encore pour but de parfaire aux habitants du Familistère un minimum de subsistance, lorsque les ressources n'atteignent pas un taux minimum journalier, fixé par les statuts.

Ce minimum est accordé aux veuves et aux orphelins dont les maris ou les pères ont travaillé pendant quinze ans, au moins, au service de la Société.

Les enfants d'Associés ou de Sociétaires, qui se trouvent privés de leur père et de leur mère, sont placés dans une famille, pour y recevoir les soins et l'éducation convenables.

La protection de l'Assurance des pensions s'étend en outre aux familles des Participants et des Auxiliaires, dans le cas de malheur exceptionnel et lorsque le Conseil de gérance juge la mesure applicable.

Le fonctionnement de l'Assurance des pensions est entièrement soumis aux dispositions de la loi française du 27 Décembre 1895, concernant les Caisses de retraites ; les *sommes non utilisées* sont versées à la Caisse des dépôts et consignations française.

L'obligation de la Société vis-à-vis des pensions est limitée à entretenir l'Assurance au moyen des ressources déterminées, ressources qui peuvent être augmentées dans certaines conditions, par la modification statutaire du règlement qui les détermine.

Pendant l'exercice 1924-1925, les ressources totales de cette assurance se sont élevées à 2.488.515 francs. Ses dépenses totales ont été de 864.190 francs. Son capital s'est augmenté de 1.624.325 francs.

Le montant des ressources non utilisées, placées à la Caisse des dépôts et consignations, y compris les comptes-courants, s'élève, au 30 Juin 1925, à la somme de 6.639.124 francs. Cette assurance possède, en plus, un certificat d'épargnes (part d'intérêts de la Société) s'élevant, au 30 Juin 1925, à 1.665.248 francs.

Assurance mutuelle contre la maladie

Cette assurance comprend trois sections :

La première est instituée entre tous les travailleurs de l'Association, hommes et dames.

La deuxième est instituée entre les dames qui habitent le Familistère.

Ces deux sections ont pour objet de verser des allocations aux mutualistes malades et de rétribuer les services médicaux.

La troisième est instituée entre les habitants du Familistère ; elle a pour objet de fournir certains médicaments, dans des conditions déterminées.

Assurance entre les travailleurs de l'Association

Ses ressources se composent principalement :

1° De la cotisation de tous les travailleurs de l'Etablissement sur le taux de 1 1/2 % des salaires ou appointements s'ils habitent le Familistère et de 1 % s'ils habitent au dehors.

Le minimum de la cotisation est calculé sur la base d'un montant de salaires ou appointements de 400 francs par mois.

La cotisation est facultative jusqu'à concurrence de la somme qui donnerait droit à une allocation égale aux 2/3 des salaires ou appointements.

(Le taux des cotisations peut être élevé ou réduit selon la situation financière de l'Assurance).

2° Du produit des amendes infligées pour contraventions aux règlements intérieurs des bureaux et des ateliers ;

3° Des retenues pour casse, malfaçon, poids trop lourds, et autres
causes prévues par le règlement des ateliers ;

4° D'une subvention que le Conseil de gérance peut accorder.

Après six mois de paiement régulier de la cotisation fixée, tout
mutualiste atteint de maladie entraînant incapacité de travail, a droit
pendant le laps maximum d'un an :

1° Aux visites et aux soins des médecins ;

2° A des allocations journalières fixées au minimum comme suit :

Pour toute personne qui, à son entrée au service de l'Association,
avait moins de 45 ans :

2 fois le montant de la cotisation mensuelle pendant les trois premiers mois ; 1 fois 1/2 le montant de cette cotisation pendant les 3 mois
suivants ; 1 fois pendant les 6 derniers mois.

Pour toute personne entrée après 45 ans :

1 fois 1/4 le montant de la cotisation mensuelle pendant les trois
premiers mois ; 1 fois pendant les 3 mois suivants ; les 3/4 de cette
cotisation pendant les 6 derniers mois.

Après une année, les allocations sont supprimées. Si le mutualiste
est déclaré incurable et s'il remplit les conditions prévues, il passe à
l'Assurance des pensions et du nécessaire à la subsistance.

Dans les cas d'accidents de travail, l'allocation n'est égale qu'à
l'allocation pour maladie ordinaire diminuée de l'indemnité temporaire
légale payée par l'Association.

Assurance entre les dames du Familistère

Les ressources de cette Assurance se composent principalement :

1° Des cotisations des mutualistes, fixées au minimum de 1 fr. 50
par mois ou 2 % des gains lorsque les 2 % sont supérieurs à ce minimum, sans que ces cotisations puissent dépasser 4 fr. 50 par mois ;

2° D'une subvention complémentaire, allouée par l'Association et
ne pouvant dépasser le total des cotisations annuelles.

Le taux des cotisations peut être élevé ou réduit selon la situation
financière de l'Assurance.

Six mois après son inscription, toute femme malade a droit :

Aux visites et aux soins du médecin ou de la sage-femme de son
choix et à des allocations journalières fixées comme suit :

1 fois 1/2 le montant de la cotisation mensuelle, pendant la période
aiguë du mal, c'est-à-dire celle où la malade est forcée de garder le lit
ou est dans l'impossibilité de se servir elle-même ;

Les 3/4 de la cotisation mensuelle pendant la période de convalescence, ou pour toute indisposition qui, sans mettre la femme dans l'incapacité de toute occupation, ne lui permet néanmoins ni de faire les gros travaux du ménage, ni de se livrer à ses occupations professionnelles.

Après le laps d'une année, les allocations de l'Assurance sont supprimées.

Fonds de Pharmacie

Le Fonds de pharmacie est institué entre les habitants du Familistère, hommes et dames, dans le but de leur procurer gratuitement, ainsi qu'à leurs familles, les médicaments *désignés* par les Comités des Assurances.

Les ressources du Fonds de pharmacie se composent :

1° D'une cotisation mensuelle de 1 fr. 50 payée par les personnes de l'un et de l'autre sexe, âgées de plus de 14 ans, habitant le Familistère ;

2° D'une subvention que l'Association accorde, lorsqu'il y a lieu, pour couvrir les dépenses. Cette subvention ne peut jamais dépasser la somme des cotisations de l'année.

Dans les cas d'insuffisance, le Conseil de gérance, d'accord avec le Comité du Fonds de pharmacie, doit élever les cotisations et la subvention dans la proportion nécessaire pour qu'il n'y ait plus déficit.

Les maladies occasionnées par l'intempérance ne donnent pas droit à la gratuité des remèdes.

Dans les cas d'accidents du travail, les médicaments sont à la charge de la Société du Familistère.

Le Fonds de pharmacie pourvoit à une partie des frais de funérailles des mutualistes.

Dépenses des Assurances réunies

Voici, pour l'exercice 1924-1925, le relevé des dépenses de l'Assurance contre la maladie et du Fonds de pharmacie.

Payé aux malades pendant l'exercice :

A GUISE (Section des hommes) pour 20.775 journées de maladie à 1.012 malades .... Fr. 232.492 60

A GUISE (Section des dames) pour 3.741 journées de maladie à 109 malades .... Fr. 5.590 »

A BRUXELLES (Section unique) pour 3.462 journées de maladie à 224 malades .... Fr. 41.602 25

A Reporter .... Fr. 279.684 85

                              Report.. .... Fr.   279.684 85
Frais de pharmacie:

A GUISE .... Fr.   32.296 20
A BRUXELLES .... Fr.   8.862 04   41.158 24
Payé aux médecins pour l'Assurance contre la maladie:

A GUISE (Section des hommes)...... Fr.   31.608 »
A GUISE (Section des dames)....... Fr.   6.802 45   38.410 45
A BRUXELLES (Section unique).............. Fr.   5.040 65
Frais divers (à Guise et à Bruxelles)............. Fr.   278 »

                            Total.......... Fr.   364.572 19

          A déduire: Réencaissements divers....... Fr.   5.439 75

              Total des dépenses.......... Fr.   359.132 44

(Si, à cette somme, nous ajoutons les 864.190 francs de dépenses de
l'Assurance des pensions et du nécessaire, nous obtenons un total de
1.223.322 francs pour les dépenses des Assurances Mutuelles en 1924-
1925).

Administration et contrôle des Assurances

L'Assurance mutuelle contre la maladie (Section des hommes) est
administrée par un Comité de 18 membres nommés au scrutin secret:
9 sont nommés au Familistère et choisis exclusivement parmi les Associés et les Sociétaires; les 9 autres sont élus à l'Usine, par tous les
travailleurs, sans exception, âgés d'au moins 21 ans.

Les dames du Familistère nomment entre elles 9 déléguées pour
l'Administration de leur Assurance contre la maladie.

Ces 9 dames et les 9 hommes délégués élus au Familistère, constituent, par leur réunion, le Comité de l'Assurance des pensions et du
nécessaire, et celui du Fonds de pharmacie.

L'Administration des Assurances mutuelles a lieu sous la surveillance et le contrôle de la Gérance de l'Association.

L'Administrateur-gérant préside, quand il le juge utile, les réu-
nions des Comités. Il peut déléguer à cette mission un membre du Conseil de gérance, dans le cas où le président ou la présidente du Comité
de l'Assurance ne fait pas partie du Conseil de gérance.

Les Enfants en récréation sur la place du Familistère, à Guise.

Les Institutions fondées

pour les Soins, l'Education et l'Instruction

de l'Enfance

L'éducation et l'instruction des enfants du Familistère sont l'objet de la sollicitude de l'administration ; elles s'imposent d'ailleurs comme un devoir essentiel à toute société prévoyante, aussi les statuts de l'Association en précisent l'organisation.

L'éducation et l'instruction de l'enfance comprennent, à Guise :

1° La *Nourricerie*, donnant à la mère aide et assistance pour les soins de l'enfant, du premier âge jusqu'à deux ans ;

2° Le *Pouponnat*, où sont accordés les soins et les amusements nécessaires aux enfants de deux à quatre ans ;

3° Les *Classes maternelles et enfantines*, où commencent l'enseignement et les exercices instructifs et récréatifs pour les élèves de quatre à sept ans ;

4° Les *Classes primaires,* qui assurent à tous les enfants du Familistère, au moins jusqu'à l'âge de quatorze ans, un bon enseignement primaire.

Groupe du Théâtre et des Ecoles, à Guise.

Nourricerie et Pouponnat

Toutes les familles habitant le Familistère peuvent, sans formalité aucune, faire admettre leurs enfants à la Nourricerie, lorsque ces enfants ne sont atteints d'aucune maladie constituant un danger pour les autres.

Il n'y a pas d'âge fixé pour l'admission. Les enfants sont reçus à la Nourricerie dès qu'on les y présente. Ceux d'entre eux dont le développement physique s'est trouvé retardé, sont conservés après deux ans, sur la simple demande des parents.

Devenu propre et marchant avec assurance, l'enfant est admis au Pouponnat, complément naturel, indispensable de la Nourricerie.

Là, des femmes de service dirigent ses évolutions, et, par des marches, des rondes, des mouvements simples généralement accompagnés de chants, favorisent le développement harmonique des organes. En même temps, elles cherchent à éveiller l'intelligence des enfants par des exercices de langage appropriés à leur jeune âge et par des leçons de choses s'adressant exclusivement aux sens.

Classes maternelles, enfantines et primaires

De 4 à 7 ans, l'enfant passe successivement dans les deux classes maternelles et la classe enfantine et arrive ensuite dans les classes primaires.

La Nourricerie, à Guise.

Toutes les classes sont mixtes, et les filles y reçoivent le même enseignement que les garçons, exception faite pour quelques matières : l'économie domestique, la couture, la coupe et l'assemblage, exclusivement enseignés aux filles, le dessin industriel aux garçons.

Par le seul fait de leur admission au Familistère, les parents s'engagent à envoyer leurs enfants à l'école jusqu'à l'âge de 14 ans, à veiller à leur bonne éducation et à seconder, par un concours vigilant et ferme, les soins des maîtres et des maîtresses.

Après quatorze ans révolus, l'enfant est admis dans les ateliers de l'usine. Il peut être autorisé, sur la demande des parents, à continuer ses études dans les écoles de la Société.

Ecoles de l'Etat

Les élèves ayant les aptitudes reconnues et appartenant à des familles ne possédant pas les ressources nécessaires, peuvent être préparés pour entrer dans les écoles de l'Etat et entretenus ensuite dans ces écoles aux frais de l'Association.

C'est dans ces conditions que la Société a entretenu beaucoup d'élèves à l'Ecole nationale professionnelle d'Armentières, à l'Ecole de commerce et d'industrie de Reims, aux Ecoles d'arts et métiers de Châlons et de Lille, à l'Ecole supérieure de commerce de Bruxelles, à l'Ecole des hautes études commerciales de Paris, à l'Ecole supérieure d'électricité de Paris, etc... Plusieurs des chefs et sous-chefs des usines sortent des écoles du Familistère et des Ecoles d'arts et métiers.

Des cours de solfège et de musique instrumentale sont donnés tous les soirs, en dehors des heures de classe, par le chef et le sous-chef de la Société de Musique du Familistère.

Toutes les dépenses d'éducation et d'instruction sont supportées par l'Association.

(Pour le dernier exercice, (1924-1925), les dépenses pour frais d'éducation et d'instruction ont été de 85.045 francs, auxquels il faut ajouter les 12.010 francs représentant les frais d'entretien des 4 élèves qui suivent actuellement les cours de l'Ecole nationale professionnelle d'Armentières).

Familistère de Guise. — Le groupe principal avant la guerre (Pourtour : 583 mètres).

Les Habitations Ouvrières

LE FAMILISTÈRE

GODIN se proposa de transformer l'existence de l'ouvrier en réunissant, dans une conception nouvelle de l'habitation, tous les éléments d'hygiène et de salubrité ; en concentrant toutes les choses d'un usage public et général, en rendant accessibles à tous, et d'une manière égale, les commodités de la vie.

L'habitation familistérienne fut édifiée d'après ces principes.

Elle comprend trois groupes d'habitations distincts :

1° *Le groupe principal ;*

2° *Le pavillon de la rue André-Godin ;*

3° *Le pavillon de la rue Sadi-Carnot.*

Le groupe principal est formé de trois édifices rectangulaires : le pavillon central et deux ailes, désignées sous les noms d'aile gauche et d'aile droite, formant avant-corps sur le pavillon central.

La façade du Pavillon central (70 mètres de longueur).

Familistère de Guise. — Le Pavillon de la rue André-Godin.

Chaque édifice forme un tout complet et possède un sous-sol, un rez-de-chaussée, trois étages et des greniers.

L'aile gauche, ainsi qu'il est dit plus loin, a été incendiée le 29 août 1914 par les premières troupes d'invasion.

Elle est reconstruite et occupée par 89 locataires. Elle comporte un quatrième étage et son aspect extérieur diffère un peu de celui des deux autres édifices du groupe principal.

Chaque édifice a sa cour intérieure pavée en mosaïque du plus bel effet et couverte d'un vitrage à la hauteur des toits. Des ouvertures, ménagées dans le vitrage, servent à l'aération des cours.

C'est dans la cour vitrée du pavillon central qu'ont lieu les bals donnés à certaines époques déterminées ou à l'occasion des Fêtes statutaires du Travail et de l'Enfance.

Le pavillon de la rue André-Godin a une cour intérieure non couverte, au milieu de laquelle est un petit bassin avec jet d'eau entouré de pelouses.

Intérieur du Pavillon de la rue André-Godin.

Le pavillon de la rue Sadi-Carnot ne comprend qu'une seule façade et deux étages.

Des galeries en forme de balcons entourent chaque étage du côté des cours intérieures. Elles sont reliées d'un édifice à l'autre par des couloirs et permettent ainsi aux habitants de circuler partout à l'abri des intempéries. Les entrées des logements donnent sur les cours inté-

rieures pour le rez-de-chaussée et sur les galeries pour les différents
étages.

Des escaliers, établis aux quatre angles des cours, desservent tous
les étages.

Un Familistère avec cour intérieure vitrée a été bâti sur les mêmes
plans à Bruxelles, en 1887.

La distribution des logements dans les divers bâtiments d'habitation résulte d'un plan général. Le nombre des pièces composant
chaque logement est variable pour répondre aux besoins divers des
familles. Les logements de 2 et de 3 pièces sont les plus nombreux.
On en trouve quelques-uns d'une seule pièce, par contre d'autres ont
4, 5 pièces et même davantage.

L'habitation étant propriété sociale, tout membre de l'Association
habitant le Familistère est locataire de son logement. Les loyers sont
établis sur un prix de base au mètre superficiel. La base varie suivant
les groupes d'habitation et, dans chaque groupe, suivant l'orientation
et l'étage.

Les familles sont admises à prendre des logements plus ou moins
grands à mesure que leurs besoins se modifient. Les logements vacants
sont accordés par l'Administration aux personnes qui se sont fait
inscrire sur un tableau spécial, et par priorité d'inscription, à moins de
circonstances exceptionnelles dont l'Administration est seule juge.

Le nombre des logements au Familistère de Guise est de 475,
habités par une population d'environ 1.200 personnes.

Au Familistère de Bruxelles, le nombre des logements est de 75;
la population totale s'élève à 194 habitants.

L'observation volontaire des règlements, la pratique constante des
mesures arrêtées en vue du bon ordre général et des intérêts de chacun,
l'agencement des choses qui fait que tout habitant peut jouir de ce qui
lui est nécessaire sans porter préjudice à autrui, font régner l'harmonie
dans l'habitation unitaire.

Un puits artésien établi par les soins de GODIN en 1877-78, sur
le plateau qui domine l'usine de Guise, fournit au Familistère l'eau
potable nécessaire aux besoins du ménage et de l'hygiène.

D'après des études faites à l'époque du sondage, l'eau doit provenir
des terrains composant les couches aquifères inférieures qu'on trouve
dans les Ardennes.

Elle jaillit d'une profondeur de 224 mètres et s'élève au niveau du
sol, soit à 25 mètres environ au-dessus du niveau de la rivière. Une
canalisation en fonte de plus de 600 mètres amène cette eau, par des
tranchées souterraines, dans les différents pavillons du Familistère et
dans les annexes : théâtre, écoles, magasins, etc...

Au Familistère, elle s'élève naturellement à la hauteur des combles
pour se déverser dans des réservoirs. Des tuyaux de descente, munis de
robinets, la distribuent en abondance à tous les étages.

Il résulte de cette disposition que l'eau sort des robinets sans avoir été en contact avec l'air et se trouve ainsi préservée de toute possibilité de contamination. Aussi les qualités de cette eau entrent-elles pour un facteur précieux dans l'état sanitaire général, d'ailleurs excellent, de la population.

La jonction des deux bras de l'Oise derrière le Familistère.

Annexes, Parcs, Pelouses, Jardins, etc.

Le groupe principal d'habitations, comprenant, comme il a été dit, le pavillon central, l'aile droite et l'aile gauche, est construit dans une presqu'île formée par les deux bras de l'Oise.

Familistère de Guise. — Le Pavillon de la rue Sadi-Carnot.

Au nord de l'habitation, entre celle-ci et la rivière, s'étendent des pelouses bordées d'arbres, de massifs de fleurs et d'arbustes.

Le groupe principal est mis en communication avec l'usine par un pont appartenant à la Société et établi sur le grand bras de l'Oise.

Le pavillon de la rue André-Godin est bâti au sud de l'aile droite. Il en est séparé par un bras de l'Oise et par la rue André-Godin. Une passerelle établie sur la propriété du Familistère le met en communication avec le premier groupe.

Le pavillon de la rue Sadi-Carnot est en façade de la rue du même nom qui le sépare de l'usine.

Une allée du jardin d'agrément.

Sur la rive droite de l'Oise, en face de l'usine, s'étend le jardin d'agrément avec ses parterres, ses massifs, ses arbres fruitiers, ses kiosques, ses statues, ses bassins, et tout à l'extrémité de la pointe, dominant les environs, le mausolée du Fondateur. Ce jardin, toujours ouvert au public, constitue pendant la belle saison un délicieux lieu de promenade très fréquenté par les habitants du Familistère et de la Ville de Guise.

L'Association possède, à proximité de l'habitation et de l'usine, des terrains potagers divisés en petites parcelles qui sont louées au personnel.

Les parcs et les pelouses, jardins d'agrément et jardins potagers ont une superficie totale de plus de 16 hectares.

La superficie totale des terrains bâtis et non bâtis, à Guise et à Bruxelles, est de 40 hectares .

Les annexes : nourricerie, écoles, théâtre, boulangerie, etc..., se trouvent en dehors de l'habitation unitaire.

Le théâtre, les écoles et la nourricerie forment un seul groupe en face du pavillon central, côté sud.

L'espace compris entre l'habitation et ce groupe forme la place du Familistère, où se trouve la statue du Fondateur.

Les bâtiments de l'alimentation : boulangerie, boucherie, charcuterie, etc..., constituent un autre groupe situé en face de l'aile gauche.

La buanderie, à Guise.

Enfin, un dernier groupe d'annexes comprenant la buanderie, la piscine et les salles de bains, est bâti au-delà de l'Oise, en contre-bas du jardin d'agrément.

Le Jardin d'agrément, à Guise. — "L'Amour" de Falconnet.

DEUXIEME PARTIE

La Société du Familistère
pendant et après la guerre

L'Occupation allemande
(Août 1914-Octobre 1918)

Ce n'est qu'incidemment qu'il a été fait allusion à la guerre au cours des pages précédentes.

Et cependant, la Société du Familistère a failli sombrer dans la tourmente. Englobée dans l'occupation allemande dès le mois d'août 1914, elle a vu, d'année en année, les mâchoires de l'étau se serrer de plus en plus et s'en aller, progressivement, les richesses de toutes sortes que le travail et l'intelligence avaient lentement accumulées.

Les 26 et 27 août 1914, commence l'exode des habitants du Familistère fuyant devant l'ennemi qui approchait.

Le 29 août, deuxième jour de la bataille de Guise, les premières troupes de l'armée d'invasion incendient l'aile gauche du groupe principal du Familistère, détruisant ainsi les logements de 107 familles.

Rejoints par l'armée ennemie qui avançait à marches forcées, la plupart des habitants, qui s'étaient enfuis, rentraient quelques jours après pour voir ce lamentable tableau de l'aile gauche en flammes et de la grande cour du pavillon central sur laquelle étaient étendus une centaine de blessés français menacés par l'incendie qui faisait rage à côté.

Puis, ce fut la longue occupation allemande : une « *Kommandantur* » installée à Guise commença, dès le mois d'Octobre 1914, les réquisitions

Vue générale du Familistère de Guise, aile gauche détruite en 1914.

La cour centrale du Familistère.
Une partie des soldats français blessés à la bataille de Guise (Août 1914).

dans l'usine et dans les magasins de la Société du Familistère. Elles continuèrent jusqu'à épuisement complet des stocks de marchandises et de matières premières.

Différents services de l'ennemi se partagèrent l'usine.

Des ateliers de réparations de machines agricoles, des dépôts de toutes sortes occupèrent les vastes ateliers.

Une pharmacie s'empara des bureaux et de l'atelier de décoration. Un lazaret militaire fut installé dans les salles d'exposition.

L'ennemi força des ouvriers civils à travailler sous ses ordres, côte à côte avec les soldats.

Les quelques membres du personnel, groupés autour de l'Administrateur-gérant et employés à la garde des marchandises et à l'entretien des bâtiments, se virent ainsi peu à peu chassés de l'usine par l'envahissement progressif des formations ennemies.

Le 7 janvier 1917, l'Administrateur-gérant lui-même est obligé d'abandonner son bureau. Un an après, tout au début de 1918, il sera définitivement exclu de l'usine; il ne put y rentrer, par la suite, que deux fois, avec une autorisation particulière et accompagné d'un soldat.

L'Atelier des Modèles, à Guise, détruit pendant la guerre.

Destruction du Matériel et de l'Outillage :
Moulage Mécanique et Plaques-Modèles

C'est en avril 1917 que commença la destruction systématique de l'outillage et du matériel. Les équipes allemandes s'attaquèrent d'abord aux grandes batteries de machines à mouler mécaniquement. Installation unique au monde qui faisait l'admiration de tous les visiteurs, le « *Moulage Mécanique* » constituait un système de moulage à production intense qui avait été inauguré dans les fonderies de Guise en 1875.

Il était composé de deux groupes distincts dont chacun formait un cycle de moulage complet.

Chacun de ces groupes ou batteries comprenait quatre grands plateaux tournants horizontaux, d'environ cinq mètres de diamètre.

Le premier plateau recevait huit grandes plaques-modèles de 1 mètre 50 sur 0 mètre 90 et 1 mètre 10 et leurs châssis qu'une distribution automatique emplissait de sable lors de leur passage sous une trémie. Le mouvement de rotation du plateau amenait les châssis pleins sous une presse hydraulique qui comprimait le sable.

Sur un deuxième plateau se faisaient la pose des noyaux et les retouches nécessaires aux moules.

Sur un troisième, les châssis étaient coulés à proximité du cubilot, par une équipe de trois hommes.

Les pièces, alors suffisamment refroidies, étaient démoulées sur le quatrième plateau.

Le passage des châssis d'un plateau à l'autre s'effectuait au moyen de grues. Des wagonnets conduisaient les produits du moulage vers les ateliers de dessablage.

Au moment du démoulage des châssis, le sable tombait dans un immense entonnoir situé sous le plateau. De là, un chemin de roulement en toile spéciale le reprenait en sous-sol, le dirigeait sous un refroidisseur par ventilation et l'élevait sur un plancher surmontant l'atelier.

Sur ce plancher, le sable était malaxé, puis mélangé à du sable neuf il reprenait, au moyen de chaînes à godets et d'appareils appropriés, le chemin des trémies de distribution et le cycle précédemment décrit recommençait son cours.

Le mouvement de tous les plateaux avait nécessité une installation mécanique et hydraulique excessivement compliquée. Le mécanisme, complètement invisible de l'extérieur, était installé dans les sous-sols de l'atelier.

A côté de celui-ci, dans une salle adjacente, se trouvaient les pompes et accumulateurs hydrauliques qui fournissaient la puissance nécessaire à la manœuvre des grues et des presses.

Les deux grandes batteries de moulage mécanique produisaient ensemble et par jour 600 châssis, soit 300 moules de 1 m. 50 sur 0 m. 90 et 1 m. 10.

De cette magnifique installation, de cet atelier unique où régnait, avant la guerre, une activité débordante, il ne resta rien, tout fut brisé et enlevé.

La photographie que nous reproduisons, montre une œuvre de destruction méthodiquement organisée.

Pour se servir de ses grandes batteries de moulage mécanique, la Société du Familistère possédait une superbe collection de *plaques-modèles* spéciales qui comprenait 817 formes à mouler composant 1.634 plaques ajustées dans leurs encadrements goujonnés.

Le " Moulage Mécanique " de Guise détruit pendant la guerre.

La confection des plaques-modèles est un travail d'artiste.

Chacune se compose de deux parties qui, assemblées et ajustées, forment le modèle complet.

Sur ces plaques, d'une précision remarquable, se trouvaient disposés, suivant leur grandeur, plusieurs modèles taillés dans la masse du métal et juxtaposés de manière à ce que toute la surface des plaques soit utilisée.

Certaines d'entre elles comportaient tous les modèles d'un appareil de chauffage, de telle sorte que le même coup de presse hydraulique pouvait former le moule d'un appareil complet.

De cette inestimable collection, indispensable au fonctionnement des batteries de moulage mécanique, il ne resta que quelques exemplaires. Toutes les autres formes à mouler ont été brisées ou enlevées par l'armée d'occupation.

Enlèvement et destruction des Modèles-Etalons

Si la destruction du « Moulage mécanique » a été énormément préjudiciable à la Société du Familistère, que dirons-nous de l'enlèvement des *Modèles-Etalons* et de leurs répliques en fonte?

Les modèles-étalons constituaient la base même de l'affaire, sa richesse. C'est avec eux qu'ont été confectionnés les innombrables appareils de chauffage expédiés dans le monde entier. Ils caractérisaient la **marque Godin**, son renom; ils étaient le fruit de plus de cinquante années de travail de conception et de réalisation.

Les modèles-mères en métal blanc, aussi bien que leurs répliques en fonte servant au moulage, étaient de toutes formes et dimensions, unis et ornés, ajustés, ciselés, sculptés. Par leur assemblage, ils formaient des appareils complets de cuisine, de chauffage, d'hygiène, de bâtiment, tels que cuisinières, poêles, calorifères, buanderies, poteries, en un mot, toute la fabrication de la Société du Familistère.

Le nombre de pièces-modèles dépassait 50.000. Leur poids s'élevait à 165.000 kilos.

Le 8 décembre 1917, l'ennemi en commença l'enlèvement. Il mit quinze jours pour vider le magasin à deux étages où ils étaient isolés.

Ces 165.000 kilos de modèles-étalons, transportés en Allemagne, furent sans doute fondus. Toutes les recherches entreprises après la guerre pour les retrouver sont restées vaines. L'ennemi était sûr que cet acte achèverait définitivement la ruine de l'établissement.

Destruction des châssis de moulage,
machines à vapeur, archives, etc.

Cette fin d'année 1917 fut au plus haut point funeste à la Société du Familistère et infiniment douloureuse pour ceux de ses membres restés à Guise.

Le 6 novembre, l'ennemi commença à briser toutes les machines à vapeur restantes.

Le 12 novembre, pour installer dans les ateliers d'émaillerie des services de réparations de motocyclettes et d'automobiles, il jette dans la rue ou dans les cours toutes les machines, matériels, outils et agencements.

Quelques jours après, les soldats cassent les châssis de moulage et les couches en bois pour les donner comme chauffage aux troupes de la région. Des dizaines de milliers de couches, châssis et formes à mouler disparurent ainsi pendant l'hiver 1917-1918.

En décembre 1917, l'ennemi décida d'enlever tout ce qui restait de matériel et d'outillage pour le porter à Valenciennes, Anzin et Maubeuge où il installait des fonderies.

En même temps que le matériel et l'outillage, il y transporta le personnel qui travaillait obligatoirement pour lui, avec femmes, enfants et mobiliers. Plusieurs centaines de personnes dont 133 du Familistère furent ainsi obligées d'abandonner leurs foyers.

Quatre de nos mouleurs trouvèrent la mort à Anzin par des bombes d'avions lancées sur la fonderie où ils travaillaient.

C'est en 1917 également que l'ennemi s'empara de toutes les archives industrielles, commerciales et sociales. Les livres de compta-

Le groupe de 4 cubilots du " Moulage Mécanique " détruit.

bilité les plus essentiels furent, heureusement, enterrés en lieu sûr, et c'est par un hasard providentiel qu'on a pu sauver du désastre les soixante volumes constituant la collection des bilans des usines de Guise et de Bruxelles que les Allemands allaient mettre au pilon.

L'année 1918 vit la disparition du reste des biens de la Société du Familistère.

La statue en bronze de GODIN, érigée en face des habitations ouvrières, ne se trouva même pas épargnée. Arrachée de son socle, brisée ensuite, les morceaux en furent dirigés sur l'Allemagne pour y être fondus.

C'est ainsi qu'à l'armistice, toutes les matières premières et approvisionnements représentant 8.880.000 kilos avaient été enlevés, sans compter les bois, les huiles et autres matières ne se mesurant pas habituellement au poids. Les plus gros stocks comprenaient 2.800 tonnes de fonte, 2.350 tonnes de charbon, 1.132 tonnes de coke de fonderie, 157.000 kilos de tôle destinée à la fabrication des appareils, 60.000 kilos de cuivre et bronze, etc...

Tous les magasins et dépôts étaient vidés de leurs produits ; 40.447 appareils de chauffage et de cuisine finis, prêts à être livrés à la vente, avaient été pris, ainsi que des centaines de milliers de kilos de pièces de rechange en fonte ordinaire, émaillée, nickelée, en fonte malléable.

La statue de Godin enlevée par les Allemands.

en cuivre ou en bronze et tous les produits en cours de fabrication ou de montage représentant un poids de 4.250.000 kilos.

Du matériel, de l'outillage, des modèles, on se rappelle qu'il ne restait rien.

Occupation des Habitations ouvrières,
Théâtre, Annexes, etc.

Les habitations ouvrières du Familistère et les habitants eurent aussi à souffrir de l'occupation ennemie.

Dans les premiers jours de l'année 1917, les 140 familles du pavillon de la rue André-Godin, reçurent l'ordre d'évacuer toutes à la fois leurs logements. Ce groupe important du Familistère fut tranformé en caserne jusqu'à la libération.

En 1918, un incendie s'y déclara, qui détruisit les combles, les greniers, une partie des habitations. Les dépôts de grenades et de munitions, en y explosant, endommagèrent gravement le bâtiment : des conduites d'eau coupées inondèrent les caves.

Après le pavillon de la rue André-Godin, la majeure partie des habitants du pavillon central sont chassés de leurs foyers. On ne laissa plus aux civils que la moitié du premier et du second étages. Les familistériens sans gîte, se logèrent en ville, où ils purent. Beaucoup s'installèrent dans des greniers.

Au commencement de 1918, l'ennemi fait vider et jeter dans la rue tout ce que contenaient les greniers et les mansardes du groupe principal. A partir de ce moment, le Familistère n'est plus qu'une caserne; les 218 habitants qui l'occupent encore sont rassemblés dans l'aile droite et logent tous, sans arrêt, des officiers et des troupes.

Cette occupation des immeubles était complétée par celle de tous les bâtiments dits annexes, du théâtre et des écoles qui ont été successivement transformés en prison centrale civile, en prison militaire, en caserne allemande et, juste retour, en camp de prisonniers allemands après l'armistice.

Les 10, 11 et 12 octobre 1918, ce fut l'exode final. Sous le canon des alliés, la population dut tout abandonner pour aller se réfugier dans la région de Fourmies et de Sains-du-Nord.

La deuxième bataille de Guise commençait; mais la dernière résistance allemande qui ne céda, sous la pression de la première armée française, qu'au bout de trois semaines de lutte acharnée, allait apporter encore à la Société du Familistère des ruines nouvelles.

La Nourricerie détruite pendant la guerre (Octobre-Novembre 1918).

M. L.-V. COLIN
Administrateur-gérant de la Société du Familistère de Guise
depuis le 13 Septembre 1897.

La Reconstitution de l'Usine de Guise

Ainsi que nous l'avons dit dans le chapitre précédent, la seconde bataille de Guise, en octobre 1918, aggrava encore les dégâts.

Une annexe du Familistère, consacrée aux deux premiers jardins d'enfants: la « *Nourricerie* » et le « *Pouponnat* », s'écroula sous le bombardement.

En s'éloignant, les Allemands firent sauter le grand pont sur l'Oise et la passerelle qui reliaient le Familistère à l'usine, ainsi que les deux ponts de la voie de raccordement.

Aux habitations ouvrières, à l'usine, aux annexes, les obus et les explosions avaient troué les murs, brisé les charpentes, éventré les toitures.

Les vastes magasins de l'usine et les halls de fonderie avaient servi d'écuries à des milliers de chevaux.

Les décors du théâtre étaient brûlés, ainsi que les bancs et agencements de toutes sortes. Les écoles, les magasins de consommation étaient vides de leurs matériels et de leurs mobiliers.

L'atelier des Modèles reconstitué, à Guise.

C'est dans cet état que le personnel du Familistère retrouva l'Association au retour de la pénible évacuation que les événements avaient exigée.

Il fallut se mettre sans retard à la besogne, tenter de recréer l'usine.

D'abord, déblayer les ateliers où s'étaient accumulés des milliers de mètres cubes d'immondices, relever les murs de clôture, recouvrir au plus vite les toitures des ateliers dont la préparation s'imposait d'urgence, réparer ou remplacer les portes et les fenêtres, racheter l'outillage et le matériel nécessaires à une modeste remise en marche, reconstruire tables de mouleurs et établis, rechercher dans le département du Nord et en Belgique les débris de matériel abandonnés par l'ennemi en fuite, préparer au plus vite l'atelier des modèles qui allait avoir un rôle si important dans le relèvement de la Société, puis, parallèlement, les ateliers de mécanique et de menuiserie pour la réparation et la préparation progressives des divers groupes de l'usine, chercher des machines-outils et installer, au prix de quels efforts, la force motrice indispensable à ces ateliers.

Une partie de la Fonderie de Guise reconstituée. — Les presses à mouler.

Et tout cela, au lendemain de l'armistice, avec un personnel déprimé physiquement et moralement par les privations et les angoisses de l'occupation, au moyen de transports combien défectueux si l'on considère que, par la destruction des voies, des ponts et des travaux d'art environnants, la gare la plus proche ouverte au trafic se trouvait à sept kilomètres de Guise.

Et cependant, il fallait aller vite. Il fallait avant tout que la Société du Familistère ne perdît pas sa nombreuse clientèle et ne laissât pas croire, comme les bruits s'en propageaient, qu'elle avait succombé.

L'Administration du Familistère était décidée, pour atteindre ce but, à faire l'impossible.

Ses efforts furent couronnés de succès. Le 16 août 1919, huit mois après l'armistice, un hall de fonderie reconstitué permettait l'allumage du premier cubilot.

C'est avec une grande joie que le personnel présent assista à la première coulée, symbole de la renaissance ; la fabrication des appareils de chauffage était reprise, bien modestement il est vrai, mais tous les espoirs étaient permis ; on eut l'impression que l'on pouvait faire confiance à l'avenir.

Il est difficile d'énumérer, en quelques pages, tout ce qu'il fallut apporter de persévérance, de foi même, pour continuer et accélérer le relèvement d'une grande affaire comme celle dont nous nous entretenons, de volonté et de ténacité aussi pour surmonter les obstacles de toutes sortes et de tout ordre qui se présentaient.

Résultats industriels

L'exemple le plus probant du bon travail rapidement accompli sera donné par le tableau ci-dessous, présentant comparativement la progression des tonnages expédiés et des chiffres d'affaires réalisés par l'usine de Guise seule, dans les exercices qui ont suivi l'armistice.

Les exercices commencent le 1er juillet et se terminent le 30 juin suivant	Fourneaux complets fabriqués	Tonnage d'Expéditions	Chiffres nets d'affaires industrielles
Exercice 1919-1920	33.919	2.159.778 kg.	4 248.735 fr.
— 1920-1921	75.882	5.547 422 »	13.649.537 »
— 1921 1922	97.227	9.211.946 »	18.920.308 »
— 1922-1923	124.228	10.929.333 »	24.562.780 »
— 1923-1924	144.358	12.142.389 »	30 926 237 »
— 1921-1925	157 073	13.581.005 »	34.167.738 »

L'usine de Guise n'obtient cependant pas encore un tonnage de livraisons égal à celui d'avant-guerre.

Le pourcentage, par rapport aux livraisons de 1912-1913 qui étaient à Guise de 15.084.138 kilos, ressortait à 90 % au 30 juin 1925.

C'est que les machines à mouler décrites précédemment et dont le mécanisme est si compliqué, ne sont encore qu'en cours de reconstruction, et cet outillage, dont il ne restait hélas, aucun vestige ni aucun dessin, permettait de fabriquer journellement plusieurs centaines d'appareils courants.

Il faut tenir compte aussi de 'a diminution des heures de travail et de la disparition d'une partie du personnel de maîtrise pendant la longue période de guerre.

L'Atelier de montage des fourneaux à Guise, reconstitué.

Modèle d'un des derniers appareils de cuisine créés par la Société du Familistère.

Matériel de l'Usine de Guise

Au début de l'année 1926, le matériel industriel de l'usine de
Guise comprend :

Locomotives	2
Machines à vapeur (3 fixes, 3 demi-fixes)	6
Machine locomobile et pompe à incendie à vapeur	2
Groupes électrogènes à gaz pauvre	2
Moteurs à essence	3
Moto-pompes à essence	4
Postes de transformation de 350 et 50 K. V. A.	2
Dynamos et moteurs	21
Alternateurs et alterno-moteurs	41
Force motrice en chevaux .... Chev. Vap.	800
Cubilots divers (dont 6 en marche journalière)	14
Machines à mouler diverses	108
Fours à émailler ou à oxyder (dont 4 à 2 moufles)	12
Gazogènes divers	7
Fours à cuire les pièces réfractaires	4
Fours à recuire les fontes malléables	3
Etuves et séchoirs	18
Foyers à fusion de cuivre	2
Machines-outils (en dehors de celles ci-dessus)	600

Vue générale du groupe principal du Familistère de Guise avec l'aile gauche reconstruite.

La Reconstitution
au Familistère de Guise

Au Familistère, l'aile gauche du groupe principal, incendiée par les Allemands, est reconstituée et habitée.

Le bâtiment, tout en briques, ciment et fer, est à l'abri de l'incendie. Les logements sont vastes, bien éclairés et bien aérés.

Des balcons, auxquels donnent accès des portes-fenêtres, agrémentent les façades.

Une vaste tourelle, isolée du corps principal par de longs couloirs, abrite les communs, assurant ainsi le maximum d'hygiène à cette partie de l'habitation unitaire.

Dans les autres pavillons, les habitations du personnel ont été remises en état.

Ecoles

Les Ecoles ont été ouvertes aux enfants du Familistère dès leur reconstitution, en 1920. Les succès des élèves, notamment dans les examens d'admission aux écoles de l'Etat, se sont maintenus depuis la guerre. Ils ont répondu ainsi aux grands sacrifices que l'Association s'impose pour l'éducation et l'instruction de l'enfance.

L'aile gauche du Familistère reconstruite.

La nourricerie est réorganisée avec ses berceaux, ses promenoirs, ses jouets. Pour les bébés, comme pour les bambins de 2 à 4 ans, la Société du Familistère a réuni tout le confort moderne, salles spacieuses, éclairage et aération convenables, chauffage central par circulation d'eau chaude, etc...

Magasins de Consommation

Les Magasins de Consommation, dont il a déjà été parlé, furent pillés par les Allemands dès le premier jour de l'invasion, pendant la bataille de Guise. Le pillage continua dans les jours qui suivirent.

Reconstitués en 1919, ces magasins fonctionnent comme avant la guerre et conformément à la loi du 25 mars 1910 qui exige que les économats qu'elle régit ne doivent pas laisser de bénéfices à l'entreprise, en l'espèce à la Société du Familistère.

Depuis la guerre, le montant des ventes, dans les magasins de Guise a été de :

Exercice 1919-1920 : 340.891 » | *Exercice 1922-1923 :* 2.179.982 »
— *1920-1921 :* 1.075.784 » | — *1923-1924 :* 2.552.106 »
— *1921-1922 :* 1.480.170 » | — *1924-1925 :* 2.766.105 »

Les bénéfices réalisés par ces ventes ont permis une répartition coopérative aux acheteurs qui s'est élevée, au 30 juin 1924 et au 30 juin 1925, à 14 % du montant des achats.

Le nombre de carnets délivrés aux familles qui s'approvisionnent actuellement dans les magasins de consommation est de 1.440. Ces carnets ne sont délivrés qu'aux membres du personnel.

Si l'on considère qu'un assez grand nombre d'ouvriers sont, par leur éloignement, dans l'impossibilité de s'approvisionner à l'économat du Familistère, on peut conclure que tous les autres viennent régulièrement et librement faire leurs achats dans les magasins de consommation de l'Association.

L'aile gauche du Familistère de Guise.
La tourelle renfermant les services de propreté

Le Familistère de Bruxelles et l'entrée de l'Usine.
(Au premier plan, le Canal maritime de Bruxelles).

L'Usine de Bruxelles

L'usine de Bruxelles de la Société du Familistère n'a pas été frappée par la guerre aussi cruellement que la maison-mère de Guise. Elle fut placée sous séquestre en 1914 comme société française, mise en liquidation et ensuite mise en vente. L'armistice, heureusement, vint arrêter les tractations de l'ennemi en vue de vendre à ses nationaux l'usine, le matériel et les modèles.

La conséquence de cette situation fut la saisie des fonds chez les banquiers belges. Ces saisies s'élevèrent à 1.250.000 francs dont la majeure partie fut remboursée à la Société dans le courant de l'année 1919.

L'usine de Bruxelles, au lendemain de l'armistice, était demeurée en possession d'une partie de son matériel, de son outillage, de ses machines, de ses modèles. Malheureusement, elle n'avait que des répétitions de modèles, les étalons étant toujours restés à Guise où, comme nous l'avons dit, ils furent détruits.

D'autre part, elle n'avait plus de matières premières et de nombreux châssis de moulage avaient été enlevés.

Elle ne fut remise en marche, partiellement, que le 5 juillet 1919.

L'usine de Bruxelles a, comme celle de Guise, une réputation commerciale des plus solides. Une grande partie de sa production est expédiée en Hollande. Elle tient, dans ce pays, une place considérable ;

La salle d'Exposition permanente des produits à Bruxelles.

Une partie de l'atelier d'Émaillerie, à Bruxelles.

elle lutte contre la fabrication allemande avec le concours d'une clientèle fidèle qui a toujours soutenu avantageusement la marque GODIN.

Le matériel de l'usine de Bruxelles comprend :

1 machine à vapeur fixe, 3 transformateurs, 9 moteurs et dynamos, 2 cubilots, 4 fours à émailler ou à oxyder, 1 gazogène double, 2 fours à cuire les terres réfractaires, 7 étuves et séchoirs, 34 machines à mouler diverses, 110 machines-outils.

La force motrice employée est de 250 chevaux-vapeur.

Pendant le dernier exercice, 1924-1925, la succursale de Bruxelles de la Société du Familistère a expédié 41.410 appareils de chauffage et de cuisine complets, un tonnage de marchandises fabriquées de 4.005.636 kilos, représentant un chiffre net d'affaires industrielles, toutes remises déduites, de 8.602.658 francs.

La Salle de visite médicale et de secours aux blessés, à Bruxelles.

L'usine de Bruxelles n'a pas, financièrement et socialement, une existence distincte et les règles et principes de l'Association de Guise s'y appliquent aussi.

La succursale, avant la guerre, assurait dans son école l'instruction des enfants du Familistère. Le nombre d'élèves étant malheureusement trop restreint, les classes sont actuellement fermées. La Société subvient néanmoins aux dépenses occasionnées par les enfants du Familistère qui fréquentent les écoles communales de l'agglomération bruxelloise.

L'Aile gauche du groupe principal du Familistère. Au premier plan, la Buanderie.

Les Institutions de Prévoyance
et les Œuvres sociales

Les Assurances mutuelles

La Société du Familistère n'a apporté, après la guerre, aucune modification à ses statuts.

Les Institutions de prévoyance et les œuvres sociales ont été reconstituées au fur et à mesure du relèvement de l'Association.

Le fonctionnement des Assurances mutuelles contre la maladie a été repris dès 1920.

L'Assurance des pensions et du nécessaire à la subsistance a payé, pendant la guerre, une partie de leurs allocations aux pensionnés demeurés à Guise et dans la région. Elle s'est libérée, après l'armistice, de la totalité des sommes dues pour la période 1914-1919.

En 1920, les valeurs mobilières de l'Assurance des pensions ayant subi, du fait de la guerre, une dépréciation chiffrée à 310.575 fr. 50, la Société décida de porter cette somme à ses frais généraux, afin de reconstituer les économies réalisées avant 1914.

En 1921, la Société du Familistère vint encore en aide à l'Assurance des pensions et, en dehors des subventions statutaires, la dota exceptionnellement d'une somme de 589.000 francs.

En 1922, une nouvelle dotation de 250.000 francs fut accordée à cette œuvre si chère au personnel de l'Association.

Le tableau ci-dessous montrera dans quelles proportions le capital de l'Assurance des pensions a progressé depuis 1914.

Capital de l'Assurance des Pensions au 30 Juin
de chacune des années suivantes

1914	2.085.393 fr.	1922	3.677.447 fr.
1919	1 952.556 »	1923	4.854.041 »
1920	2.029.014 »	1924	6.671.304 »
1921	2.503.547 »	1925	8.295.629 »

Après l'application des résultats de l'inventaire de 1925, le Capital de l'Assurance s'est encore augmenté et atteint, au début de 1926, la somme de neuf millions cinq cent mille francs.

La Société du Familistère n'a pas modifié les taux statutaires des allocations servies aux invalides du travail qu'on a pu trouver dans la première partie de cette notice; mais pour faire face à l'augmentation du coût de la vie, il est alloué actuellement et *supplémentairement* à titre de secours *temporaire et bénévole*, les sommes suivantes :

Aux associés retraités et aux retraités qui ont 30 années de services. 8 fr. 50 par jour ;

Aux retraités qui ont de 20 à 30 années de services, 7 fr. 50 par jour.

Aux retraités de 15 à 20 ans de services, 6 fr. 50 par jour.

Aux dames retraitées, 5 fr. par jour.

Aux personnes à qui l'Association accorde le taux de subsistance. 3 fr. 50 par jour.

Au 31 décembre 1925, le nombre des pensionnés était de 223 dont 201 à Guise et 22 à Bruxelles.

Rappelons ici que *les ressources de l'Assurance des pensions et du nécessaire à la subsistance sont fournies* par la **Société seule, sans aucune retenue sur les salaires.**

C'est donc exclusivement la Société du Familistère qui a constitue le capital de l'Assurance tout en faisant face, depuis la fondation de l'Association, au paiement des allocations aux pensionnés de Guise et de Bruxelles.

Œuvres de Mutualité, de Prévoyance et d'Instruction

Voici, pour l'exercice 1924-1925, le détail des sommes statutairement consacrées, par la Société du Familistère, aux œuvres de Mutualité, de Prévoyance et d'Instruction :

1° Assurance des pensions et du nécessaire à la subsistance :

Subventions équivalentes à 2 % + 2 1/2 % des salaires et appointements ; Part de dividende des Conseillers de gérance non en fonctions, *en espèces.*   Fr.   1.086.079 80

Part de dividende des Auxiliaires, *en titres d'épargnes* .... Fr.   974.155 »

Epargnes réservées annulées, *en titres d'épargnes*   Fr.   2.055 »

2° Assurances mutuelles contre la maladie :

Subventions accordées aux Assurances mutuelles de Guise et de Bruxelles et aux Fonds de pharmacie

         Fr.   89.208 29

3° Frais d'éducation et d'instruction :

Ecoles primaires, classes maternelles, enfantines, pouponnat, etc. .... Fr.   85.045 71

Cours techniques d'apprentissage à Guise...... Fr.   11.482 97

         Total......... Fr.   2.248.026 77

(Il y a lieu d'ajouter encore à ce total le montant des dépenses d'entretien de quatre élèves à l'Ecole nationale professionnelle d'Armentières, soit 12.010 fr. 18).

Le tableau ci-dessous montrera quelles sommes l'Association a consacrées pour la mutualité, la prévoyance et l'instruction au cours de deux exercices d'avant-guerre et de ceux qui se sont succédé depuis l'armistice :

1912-1913	284 551 42	1921-1922	1.141.698 95
1913-1914	255.824 27	1922-1923	1.604.339 18
1919-1920	560.641 61	1923-1924	2.326.430 76
1920-1921	1.309.748 63	1924-1925	2.248.026 77

Participation du Personnel dans les bénéfices

Dès que le premier exercice d'après guerre eut donné à la Société du Familistère un chiffre de bénéfices, la répartition en fut effectuée sur les bases du pacte social de 1880.

Etablie, pour le travail, *sur la base des salaires*, elle a été calculée avec les pourcentages suivants :

EXERCICES	TAUX DE RÉPARTITION		
	aux Associés	aux Sociétaires	aux Participants
1919-1920	10.446 %	30.334 %	20.223 %
1920-1921	26.586 %	19.939 %	13.293 %
1921-1922	30.58 %	22.935 %	15 29 %
1922-1923	50.18 %	37.635 %	25.09 %
1923-1924	43.89 %	32.917 %	21.945 %
1924-1925	42.168 %	31.626 %	21.084 %

On a vu précédemment quelle importance le Fondateur attachait à ce que le fonds social ne s'immobilisât pas entre les mains de ses possesseurs.

Au 1er juillet 1925, le Capital social de onze millions cinq cent mille francs était constitué par les épargnes ou parts d'intérêts de l'exercice 1924-1925 et 86,20 % de celles de l'exercice 1923-1924.

Les parts d'intérêts des exercices précédents sont remboursées.

Le vœu du Fondateur est réalisé, le Capital social est bien entre les mains des travailleurs actuels de l'Association, de ceux qui la soutiennent et la font vivre.

Le Jardin d'agrément, à Guise. — " Amalthée " par Julien.

Personnel
Moyenne générale des Salaires
Secours familial

Les membres de la Société se décomposaient comme suit, au 30 juin 1925 :

Associés à Guise, 344 ; à Bruxelles, 52 ; Total, 396.

Sociétaires à Guise, 50 ; à Bruxelles, 23 ; Total, 73.

Participants à Guise, 1.064 ; à Bruxelles, 288 ; Total, 1.352.

Auxiliaires prenant ou ayant pris part, pendant l'exercice, aux travaux de l'Association, à Guise, 812 ; à Bruxelles, 233 ; Total, 1.045.

Intéressés (Propriétaires de parts d'épargnes ne coopérant plus aux travaux de la Société), 115.

L'ensemble des parts de capital de ces 115 Intéressés s'élève à 194.700 francs sur un capital social de 11.500.000 francs.

Les Intéressés sont les membres du personnel, possesseurs de titres d'épargnes qui ont cessé de prendre part aux travaux, soit par l'obtention de leur retraite, soit par leur départ des usines, ou encore les ayants-droit des membres de l'Association décédés.

Depuis la guerre, le Conseil de gérance n'a eu à statuer que très rarement sur des demandes de cession d'épargnes. Rappelons qu'il n'a jamais autorisé la cession totale ou partielle d'un titre d'épargnes appartenant à un ouvrier travaillant encore dans l'Etablissement.

Au moment où parait cette notice, *aucune part du fonds social n'appartient à des personnes étrangères à l'Association par cession d'épargnes.*

**

Au 30 juin 1925, les membres actifs étaient :

A l'Usine et au Familistère de Guise de............ 1.987 personnes

A l'Usine et au Familistère de Bruxelles de........ 510 personnes

Sur les 1.909 ouvriers occupés à l'usine de Guise, au 30 juin 1925, on comptait 69 femmes, 111 jeunes gens au-dessous de 18 ans et 508 manœuvres dont les salaires sont inférieurs à ceux des ouvriers de métiers ou de fabrication.

Malgré cela, la moyenne générale des salaires, *pour tout le personnel ouvrier et employé de l'usine de Guise,* à l'exclusion des appointements de l'Administration et de la direction et de la répartition des bénéfices s'élevait à cette date, à 27 fr. 85 par journée de travail.

Au mois de janvier 1926, la moyenne générale des salaires atteint 30 francs par jour.

Pendant l'exercice 1924-1925, les salaires se sont élevés :

A l'usine de Guise, à..........................	Fr.	15.647.926 03
A l'usine de Bruxelles, à.....................	Fr.	3.535.499 49
Ensemble..........	Fr.	19.183.425 52

Pendant la même période, les salaires payés au personnel des magasins de consommation, des services de propreté et d'entretien ont été de :

Au Familistère de Guise......................	Fr.	418.146 85
Au Familistère de Bruxelles.................	Fr.	12.225 77
Total général des salaires de l'exercice 1924-1925	Fr.	19.613.798 14

Dans ce chiffre, sont compris les demi-salaires payés à Guise aux victimes d'accidents du travail et le secours alloué pour charges de famille.

Le Secours familial est accordé pour chaque enfant âgé de moins de 14 ans, à raison de 12 francs par mois pour le premier et de 16 francs pour chacun des suivants.

Au 30 juin 1925, le nombre de bénéficiaires était à Guise de 722 avec 1.197 enfants au-dessous de 14 ans.

La somme payée à titre de secours familial s'est élevée, pour l'exercice 1924-1925, à 190.000 francs.

Un coin des Pelouses. — Au fond, le kiosque de la Société de Musique du Familistère de Guise.

Institutions diverses

A GUISE :

Bibliothèque

La Bibliothèque, fondée en 1881, a été dispersée pendant l'occupation allemande. Reconstituée depuis 1921, elle met à la disposition des habitants du Familistère près de 4.000 volumes appropriés aux goûts de chacun et aux cultures les plus diverses.

Le service des prêts est assuré par un bibliothécaire qui se tient à la disposition de la population six heures par semaine.

Les livres et les publications périodiques peuvent être consultés sur place, dans la salle de lecture, ou emportés à domicile.

Les dépenses de tous ordres occasionnées par le service de la bibliothèque sont à la charge de la Société.

Au début de l'année 1921, l'Association Coopérative du Travail de Londres *(Labour Co-partnership Association)* a fait un don de seize mille francs à la Société du Familistère pour la reconstitution de cette œuvre sociale.

Une plaque en marbre rappelle ce beau geste.

Musée Godin

A la bibliothèque est adjointe une *salle de Musée* qui réunit, avec les souvenirs personnels du Fondateur les plus précieux confiés par sa famille, les documents anciens concernant l'Association qui ont pu être retrouvés après la guerre.

A cet ensemble : objets, correspondances, photographies, s'ajoutent d'année en année des documents nouveaux et le tout constituera, pour les générations futures, une histoire vivante de la Société du Familistère.

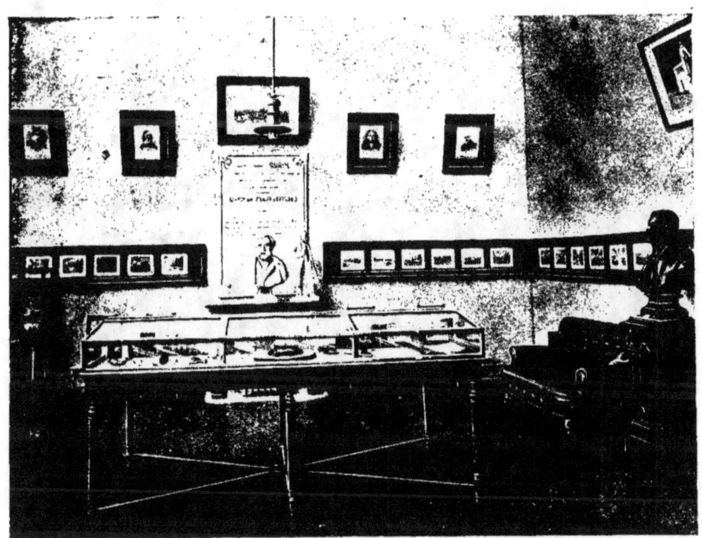

Le Musée des souvenirs de Godin et de l'Association, à Guise.

Cours techniques d'apprentissage

Pour parer à la crise du personnel de maîtrise qui s'est fait durement sentir au lendemain de la guerre, la Société du Familistère a institué, dès 1922 et dans l'usine même de Guise, des cours techniques d'apprentissage pour ses jeunes ouvriers.

Ces cours ont lieu en dehors des heures de travail. Ils sont faits par les ingénieurs de la Société. Obligatoires pour les apprentis professionnels, ils sont ouverts également à tous les jeunes gens de l'usine qui désirent les suivre.

Tous les élèves sont rémunérés pour le temps qu'ils consacrent aux cours d'apprentissage : ils reçoivent le même salaire que celui qui leur est attribué pour leur travail à l'atelier.

Les matières enseignées comprennent : Mathématiques élémentaires, Technologie du bois, Technologie du fer, Electricité, Dessin industriel.

Une des salles des cours techniques d'apprentissage, à Guise. — Le cours de dessin.

Sociétés

Il existe en outre, dans l'Association, diverses sociétés constituées suivant les aptitudes ou les aspirations de ceux qui recherchent les moyens et les occasions de s'instruire ou de se distraire, en dehors de leurs occupations ordinaires.

1° *La Société de Musique*, fondée en 1859 par J.-B. A. Godin et constituée en harmonie en 1872.

Réorganisée depuis quelques années, l'Harmonie du Familistère compte actuellement 80 exécutants.

Ses efforts de travail font de cette phalange une des premières sociétés musicales civiles de France.

La Société du Familistère fait face à toutes ses dépenses et met à sa disposition une grande salle pour les répétitions.

2° *Le Corps des Pompiers*, qui se recrute librement parmi le personnel.

Il est commandé par un lieutenant et placé sous le contrôle de l'Administrateur-gérant.

Le matériel comprend :

A l'Usine :

1 Pompe à vapeur à 3 pistons, débit 50 mc. à l'heure ,

2 Moto-pompes à essence, débitant chacune 45 mc. à l'heure ;

1 Voiture automobile aménagée pour la remorque des moto-pompes et le transport de huit sapeurs ;

1 Moto-pompe sur chariot d'un débit de 15 mc. à l'heure ;

2 Pompes à bras (une sur roues, une sur chariot) ;

2 Dévidoirs pour garnitures de 45 et 70 m/m ;

1 Fourgon à traction animale pour garnitures et accessoires de réserve ;

1 Echelle à trois plans sur roues, à traction animale ;

2.000 mètres de tuyaux de 70 et 45 m/m ;

De nombreux extincteurs.

Au Familistère :

1 Pompe à poste fixe, mue par courroie, débit 90 mc. à l'heure ;

1 Moto-pompe montée à poste demi-fixe, débit 45 mc. à l'heure ;

(Ces deux pompes sont destinées à alimenter le service des trente-quatre postes d'incendie des habitations du Familistère).

2 Pompes à bras (une sur roues, une sur brouette) ;

1 Dévidoir pour garnitures de 45 m/m ;

1.700 mètres de tuyaux.

Le matériel appartient à l'Association.

La Compagnie de Sapeurs-Pompiers du Familistère de Guise
avec une partie de son matériel.

La majeure partie des sapeurs habite, soit le Familistère, soit des logements à proximité de l'usine.

3° *La Société des Archers*, dont la fondation remonte à 1869. Un grand jeu d'arc, appartenant à la Société du Familistère et situé dans un jardin d'agrément, au bord de l'Oise, est mis à sa disposition.

Le stand comporte 4 buts de 34 mètres et 2 de 50 mètres. Une salle de réunion, située à côté du jeu, permet à la Compagnie de recevoir les Sociétés régionales.

4° *La Société de Gymnastique « La Pacifique »*, avec son local spécial comportant deux salles aménagées pour ses exercices.

5° *La Société de Tir à la Carabine*, pour qui un stand a été installé par l'Association.

6° *La Société de Trompettes*, qui est plutôt une Société de la ville de Guise. Elle recrute cependant la plupart de ses membres parmi le personnel de l'usine.

Ces diverses Sociétés ont leur budget distinct, alimenté par les cotisations de leurs membres honoraires ; quelques-unes reçoivent de la Société du Familistère une subvention qui, d'ailleurs, est très importante pour l'Harmonie et la Société de Gymnastique. Quant à la Compagnie de Sapeurs-Pompiers, elle est entretenue complètement aux frais de l'Association.

La Fête de l'Enfance au Familistère de Guise. La distribution des prix aux enfants des écoles

A BRUXELLES :

1° *La Fanfare de l'usine* (90 exécutants), qui forme un des corps de musique les plus réputés de la ville de Bruxelles. Elle reçoit une subvention de la Société du Familistère et dispose d'une salle de répétitions.

2° *La Compagnie de Sapeurs-Pompiers*, commandée par un sous-lieutenant et composée entièrement d'habitants du Familistère de Bruxelles. L'Association supporte toutes ses dépenses.

Le matériel comprend : 2 Moto-pompes à essence, l'une d'un débit de 45 mc. à l'heure, l'autre de 15 mc., 2 pompes à bras, 1 dévidoir, 1.020 mètres de tuyaux de refoulement de 45 et 65 m/m, de nombreux extincteurs.

3° *Une Société de jeu de Balle* dénommée « *Pelote du Familistère* ».

FÊTES A GUISE ET A BRUXELLES

Deux grandes fêtes sont instituées au Familistère : à Guise, la *Fête du Travail*, célébrée le premier dimanche de mai, et la *Fête de l'Enfance*, le premier dimanche de septembre.

La Fête de l'Enfance au Familistère de Guise. — Après le ballet

7

Elles ont lieu selon les traditions de l'Etablissement, avec le concours des diverses sociétés qui contribuent à en assurer le succès.

A Bruxelles, la fête du Familistère et de l'usine a lieu un des premiers dimanches de juin.

A l'occasion de ces fêtes, des secours en espèces et en nature sont distribués aux personnes nécessiteuses de l'Association.

Avant la guerre, le théâtre, à Guise, pouvant contenir un millier de personnes, servait de cadre aux diverses cérémonies du Familistère, distribution de prix aux enfants des écoles, etc...

Des représentations et des concerts y étaient donnés pendant la saison d'hiver.

Au moment où paraît cette notice, le théâtre, dont tous les décors, le machinisme et les boiseries ont été détruits, n'est pas encore remis en état, mais la Société du Familistère ne manquera pas de relever, dès qu'elle le pourra, cette œuvre intéressante.

Les Pelouses au bord de l'Oise.

Attachement du Personnel
à la Société du Familistère

On s'est facilement rendu compte, au cours de ces pages, combien sont nombreux et puissants les liens qui unissent le personnel à la Société du Familistère.

Au mois d'août 1914, tout ce personnel se trouva dispersé. Les uns furent appelés par la mobilisation, d'autres purent échapper à l'emprise allemande, le reste enfin dut subir le joug de l'armée d'occupation.

Pendant ces années douloureuses, ni les *réfugiés,* ni les *mobilisés* n'oublièrent l'Association qui leur était chère à tant de titres.

Au mois de mai 1917, les familles réfugiées à Paris et dans la banlieue parisienne se réunirent et commémorèrent le centenaire de la naissance de GODIN.

A ces exilés il sembla, qu'à l'occasion de cet anniversaire, il convenait, par l'évocation des souvenirs du passé, de rétablir entre tous

ceux qui étaient matériellement séparés les uns des autres, le lien moral
que la guerre avait momentanément brisé.

*
**

Plus tard, en 1918, les mauvaises nouvelles apportées par les
« *rapatriés* » sur la situation de plus en plus grave de l'usine de Guise,
incitèrent les membres du personnel « réfugiés » : Participants, Sociétaires, Associés et Conseillers de gérance, à grouper leurs efforts pour
constituer une « *Société Coopérative de Travailleurs de la Maison Godin
(de Guise)* qui fut dénommée « **Le Relèvement** ».

Le but de cette Société était :

« De maintenir entre les travailleurs de l'Association du Familistère de Guise...
« l'union et la solidarité qui prépareront et faciliteront le retour à l'activité commune
« lors de la libération du territoire envahi ;

« De répondre, dans la mesure du possible, aux besoins de la clientèle de
« l'Association... et de contribuer à maintenir la fidélité de cette clientèle jusqu'à la
« reprise de la fabrication à Guise ;

« D'une façon générale, de prendre les mesures propres à hâter et à favoriser le
« relèvement de l'Association du Familistère.... ».

La Société avait en outre pour objet :

« Indépendamment de la sauvegarde des intérêts matériels et moraux de l'Asso
« ciation, la fabrication de produits en fonte (appareils de chauffage, matériel de
« guerre, etc...), ainsi que la fabrication et l'acquisition de matériaux, machines et
« objets pouvant être utilisés par la Société du Familistère de Guise dès son retour
à l'activité industrielle ».

Les événements empêchèrent la réalisation complète du but que
poursuivaient les membres du personnel « *réfugiés* » ; mais le souci
qu'ils eurent de préparer pendant la guerre le relèvement de la Société
du Familistère n'est-il pas la meilleure preuve de leur attachement
profond à l'œuvre de GODIN ?

*
**

Au lendemain de l'armistice, tous les membres de l'Association, à
quelques unités près, demandèrent leur réintégration dans les ateliers et
services de la Société du Familistère.

C'est que l'ensemble des institutions sociales que nous avons énumérées, institutions qui protègent l'enfant, l'adulte et le vieillard et
plus encore, peut-être, la sécurité dans le travail, attachent singulièrement le personnel à la Société.

Pour montrer combien la stabilité est grande, nous ne pouvons
mieux faire que de résumer ici les récompenses qui ont été décernées
au personnel depuis quelques années pour ancienneté et bons services
dans le même établissement.

Au cours des années 1922 à 1925, il a été attribué :

A Guise :

10 *Médailles d'honneur* en vermeil pour 50 années et plus de travail.
307 *Médailles d'honneur* en argent pour 30 années et plus de travail.

— 100 —

A Bruxelles:

8 *Médailles d'or* de l'ordre de Léopold II pour 50 années de travail.
47 *Décorations industrielles* de 1re classe pour 35 années de travail.
82 *Décorations industrielles* de 2me classe pour 25 années de travail.

Le Pont sur l'Oise qui relie le Familistère à l'Usine de Guise.

Monument élevé à Guise à la mémoire des membres du personnel morts pour la Patrie.
(MM. J. et J. Martel, statuaires).

Prix Charles Robert

Fête de la Renaissance du 17 Septembre 1922

Monument aux Morts de la grande guerre

Le 7 Juin 1920, la *Société pour l'étude pratique de la participation au personnel dans les bénéfices* dont le président est M. Paul DELOMBRE, ancien ministre du commerce, attribuait à la Société du Familistère le prix Charles ROBERT.

Elle justifiait ainsi cette distinction :

« Par l'ensemble de ses institutions : participation aux bénéfices,
« coopération, habitations, secours, pensions, apprentissage, protection
« de l'enfance ouvrière, institutions émanant des larges initiatives de
« J.-B. André **GODIN**, continuées et développées par ses successeurs, la
« *Société du Familistère de Guise* méritait toute l'attention de notre
« Société. Nous avons maintes fois signalé le fonctionnement et les
« féconds résultats de cette organisation.

« Pendant la terrible tourmente que le pays vient de traverser, la
« Maison Godin a subi l'épreuve du malheur.

« L'adversité l'a grandie, et elle apporte aujourd'hui à l'œuvre de
« reconstitution nationale un magnifique exemple de foi et d'activité.

« Nous nous félicitons d'avoir l'occasion de témoigner à cette grande
« ruche laborieuse notre sympathie et notre reconnaissance ».

*
**

En janvier 1922, l'Administrateur-gérant, M. COLIN, était promu
au grade d'*Officier de la Légion d'Honneur*. Quelque temps après,
M. Paul DELOMBRE lui remettait les insignes de cette haute distinction
au milieu de toute la population familistérienne et de toutes les Sociétés
de la Ville et du Familistère.

Le 17 septembre suivant, à l'occasion du 25e anniversaire de la
gérance de M. COLIN, le Conseil de gérance, au nom de l'Association
tout entière, offrait solennellement à son administrateur son buste en
marbre, œuvre du sculpteur Félix Charpentier.

Par ce geste, la Société lui marquait un témoignage éclatant et
public de reconnaissance pour les efforts de travail et de dévouement
qu'il avait apportés à l'Association depuis que ses destinées lui avaient
été confiées.

Elle honorait aussi l'intelligence active et éclairée dont il avait
fait preuve pour le relèvement rapide d'une œuvre que beaucoup
avaient cru mortellement atteinte.

Des délégations importantes du personnel de l'usine de Belgique,
de la clientèle de France, de Belgique et de Hollande, étaient venues se
joindre au personnel de Guise.

Bas-relief du Monument aux morts. — " La Famille ".

Ce jour du 17 septembre 1922, par l'hommage rendu à son Administrateur, par l'inauguration de la nouvelle statue en bronze de GODIN remplaçant celle que les Allemands avaient brisée, fut la fête de la renaissance de la Société du Familistère.

Cette double manifestation associait dans les mêmes sentiments de sympathie reconnaissante celui qui avait créé la Société du Familistère et celui qui l'avait relevée si rapidement après le grand désastre de la guerre.

Ce jour-là, la Société du Familistère n'oublia cependant pas les absents, ceux dont le sacrifice avait permis que ces manifestations fussent possibles.

Dans la matinée, l'Administration, entourée des Conseils, des Comités, des Sociétés, des enfants des écoles et de la population, inaugura le *Monument du Souvenir* aux 142 soldats et 13 civils morts pour la Patrie, tous membres de la Société du Familistère.

Bas-relief du Monument aux morts. — " Le Travail ".

Conclusion

En juin 1919, l'éminent économiste M. Charles GIDE, terminant une leçon sur le *Familistère de Guise* faite aux étudiants américains, disait :

« Que faut-il attendre de cette expérimentation sociale si para-
« chevée dans son organisation ?

« On pensait généralement que son succès n'était dû qu'aux talents
« d'organisateur de son fondateur et que, par conséquent, elle ne lui sur-
« vivrait pas. Or, voici plus de trente ans que GODIN est mort et elle
« vit pourtant : elle est même si vivante qu'elle est en train de ressus-
« citer de l'incendie et des ruines où bien d'autres auraient pu sombrer.
« Il faut donc bien qu'il y ait en elle quelques vertus indépendantes de
« celles de son fondateur et qu'on ne peut chercher ailleurs que dans son
« organisation ».

Cette organisation, nous venons d'en donner les grandes lignes. Mais la Société du Familistère n'est pas seulement contenue dans un livre : c'est une réalité vivante, dont tous les rouages fonctionnent journellement et s'offrent à l'observation et à l'étude des hommes de bonne volonté.

Une expérience de quarante-cinq années, marquée par la mort du Fondateur, par la succession de trois Administrateurs-gérants et par la grande épreuve de la guerre, montre que l'institution a résisté aux attaques du temps et à la brutalité des événements.

En dépit des critiques qu'on peut toujours adresser à une œuvre humaine, surtout quand elle provient d'une initiative aussi neuve et aussi hardie, le Familistère de Guise est encore aujourd'hui la tentative la plus remarquable et la plus probante pour acheminer la Société, sans secousses, du régime du salariat au régime de l'Association.

Tombeau de J.-B. André Godin dans le jardin d'agrément, à Guise.

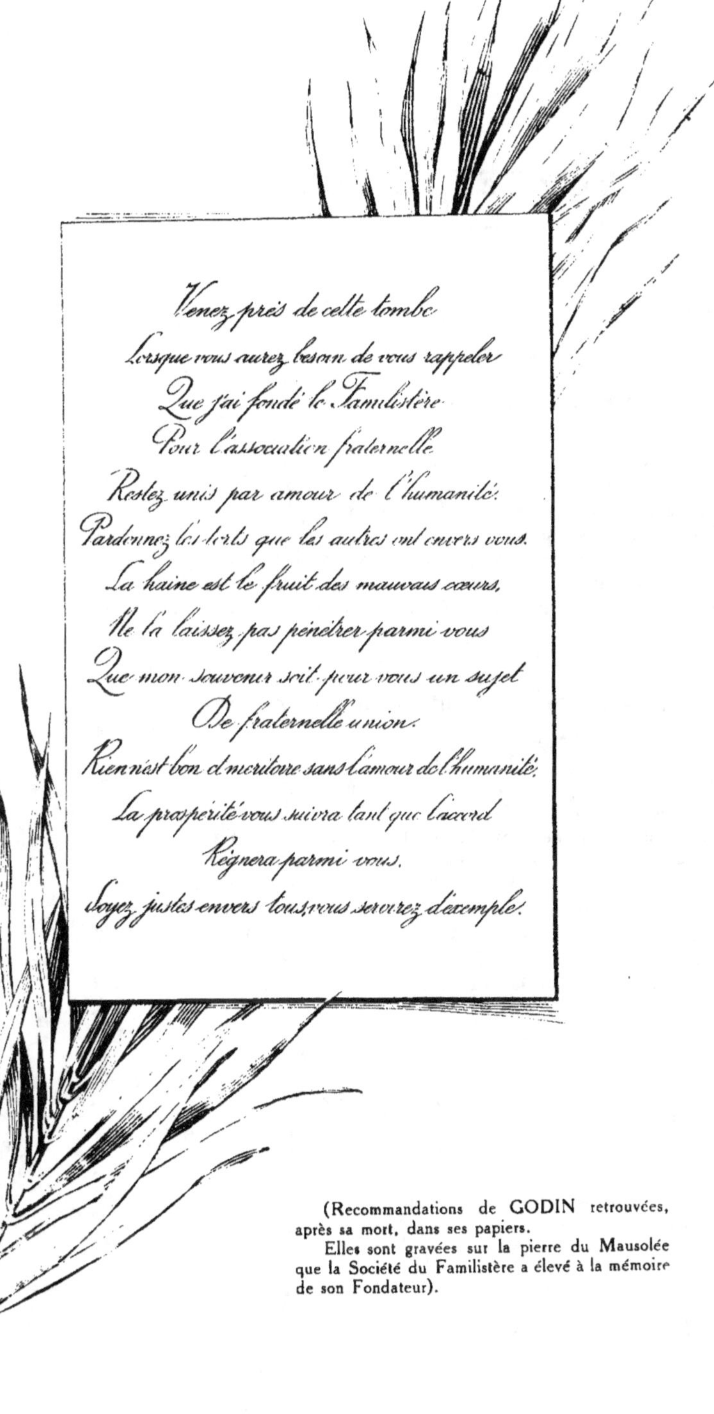

(Recommandations de **GODIN** retrouvées, après sa mort, dans ses papiers.

Elles sont gravées sur la pierre du Mausolée que la Société du Familistère a élevé à la mémoire de son Fondateur).

TABLE DES MATIÈRES